西江突发水污染和水库失能应急调度

杨元园　刘登峰　黄强　等 著

·北京·

内 容 提 要

本书针对西江流域的水污染和水库失能等典型突发事件，提出了水库群应急调度模型与技术，并在附录部分给出了丰富的MATLAB代码，可为流域涉水突发事件的水库应急调度提供理论和技术参考。本书识别了西江流域突发事件的主要类型；设置了多种突发事件情景及水库应急调度方案集，建立了水库群应急调度模型；模拟和分析了红水河段和南盘江段突发水污染的水库应急调度过程；分析了不同水库失能情景下应急调度方案的天一-光照-龙滩水库群的应急效果；构建了包含水库群安全、供水、发电、生态四个子系统的水库失能应急调度方案评价体系，优选了不同情景的应急调度方案。

本书可供水库调度、水灾害防治、水文水质模拟、应急管理等相关专业的科研和管理人员参考使用，也可供大专院校水文水资源等专业师生作为教学案例参考。

图书在版编目（CIP）数据

西江突发水污染和水库失能应急调度 / 杨元园等著
. -- 北京 : 中国水利水电出版社, 2021.12
ISBN 978-7-5226-0310-0

Ⅰ. ①西… Ⅱ. ①杨… Ⅲ. ①西江－流域－水污染－突发事件－处理－研究②西江－流域－水库调度－研究
Ⅳ. ①X52②TV697.1

中国版本图书馆CIP数据核字(2021)第264070号

书 名	**西江突发水污染和水库失能应急调度** XI JIANG TUFA SHUIWURAN HE SHUIKU SHINENG YINGJI DIAODU
作 者	杨元园 刘登峰 黄强 等 著
出版发行	中国水利水电出版社 （北京市海淀区玉渊潭南路1号D座 100038） 网址：www.waterpub.com.cn E-mail：sales@waterpub.com.cn 电话：(010) 68367658（营销中心）
经 售	北京科水图书销售中心（零售） 电话：(010) 88383994、63202643、68545874 全国各地新华书店和相关出版物销售网点
排 版	中国水利水电出版社微机排版中心
印 刷	天津嘉恒印务有限公司
规 格	170mm×240mm 16开本 9.25印张 129千字
版 次	2021年12月第1版 2021年12月第1次印刷
印 数	0001—1000册
定 价	**46.00**元

前　言

珠江流域地跨云南、贵州、广西、广东、湖南、江西等六省（自治区），在全国经济中占有重要地位。然而，该流域突发性水污染和咸潮上溯等问题突出，水环境恶化和水质型缺水等水安全问题未得到遏制，成为制约区域总体竞争力提升和可持续发展的关键因素。因此，亟须分析突发水污染和水利工程运行不确定性等多源水资源风险，研究流域水资源应急调度模型与技术。本书以珠江流域的西江骨干水库群为研究对象，开展了典型突发事件的水库群应急调度模拟与分析，重点提出了水库失能应急调度方案评价体系，推选了最优方案，以期为粤港澳大湾区、珠江-西江经济带和北部湾经济区的水安全保障提供支撑，为流域涉水突发事件的应急管理提供理论与技术参考。

全书共6章。第1章介绍研究背景和西江流域概况，对水库应急调度的研究进展进行了综述，由杨元园、刘登峰、黄强和杨倩撰写。第2章分析西江流域突发事件和水库应急调度框架，由杨元园、刘登峰、黄强和武海喆撰写。第3章假定多个突发水污染事件情景，采用EIAW 1.1软件建立河流水质二维模型，获得红水河段和南盘江段的突发水污染应急调度方案，由杨元园、刘登峰和边凯旋撰写。第4章介绍水库失能应急调度模型的框架、原理、数据输入要求、求解算法和输出结果，分析了突发水污染与水库失能组合情景的应急调度结果，由杨元园、刘登峰、刘东和张连鹏撰写。第5章提出一种水库失能应急调度方案的综合评价体系，并进行了案例研究，由刘登峰、杨元园和任梦之撰写。第6章总结主要结论并展望，由杨元园、刘登峰和黄强撰写。附录的MATLAB源代码由杨元园编写。全书由杨元园统稿校对。

在本书的编写过程中，王义民教授、白涛副教授和刘晋高工等专家给予了多方面的指导和帮助，武蕴晨、钟华昱、刘哲、李静、徐小燕、李雅彬、辛燕飞等参与了部分工作，在此一并表示感谢。同时，对本书的数据贡献者和参考文献的众多作者表示由衷的感谢。

本书的出版得到国家重点研发计划项目（2017YFC0405900）、国家自然科学基金（51779203、51879213、52009099）、中国博士后科学基金会面上项目（2019M653882XB）、清华大学水沙科学与水利水电工程国家重点实验室联合开放基金（sklhse-2019-low06）的资助，在此表示感谢。

目前，水库应急调度模型和方法等方面的研究尚不成熟，一些理论和认识仍有待发展和完善。书中难免存在错误和纰漏，恳请读者批评指正。欢迎将意见或建议发送至作者电子邮箱：yuanyuanyang@xaut.edu.cn。

作者

2021年9月

目　录

第1章 绪　论

1.1 研究背景和意义

珠江是全国七大江河之一，水资源总量丰富，仅次于长江。该流域跨越云南、贵州、广西、广东、湖南、江西等六省（自治区），为全流域和港澳地区的社会和经济发展提供了基础的水资源条件，承担着粤港澳大湾区（2017年成为国家战略）、珠江-西江经济带、北部湾经济区的水安全任务。然而，该流域正面临着日益严峻的水资源危机，局部仍存在水污染风险隐患（毕建培等，2015），水环境恶化未得到有效遏制，成为制约区域可持续发展的重要因素。

当前，珠江流域在水资源方面存在的主要问题有：①随着社会经济的快速发展，大量污废水未经处理就被直排入河，如2017年珠江流域废污水排放总量为171.8亿t（水利部珠江水利委员会，2018），占全国废污水排放总量的24.6%；②突发性水污染事件的发生频率和影响程度呈现上升趋势（马瑞，2014），如2005年12月北江流域发生一起镉超标的严重水污染事故，直接威胁到北江下游多个城市的饮水安全，对当地的社会稳定造成较严重影响；③在全球气候变化、河口演变和流域内水资源开发利用增强等背景下，2003年以来枯水期来水连续偏枯，河口地区咸潮上溯更加频繁，取水口经常为咸潮所覆盖，水利部珠江水利委员会自2005年起实施了多次流域枯水期水量调度，取得了一定效果，但部分城市的供水仍受到咸潮影响（马瑞，2014）。

总之，多因素形成了水质型缺水凸显的局面，珠江流域尤其是泛三角洲地区的供水安全受到严重威胁，引起党和国家的高度重视和社会各界的广泛关注（刘夏，2019）。为应对流域各类突发事件，亟须建立突发事件应急处置机制，通过合理应急调度流域内水库群，以最大限度减轻突发水污染、水利工程失事、洪旱灾害、咸潮等造成的损失与影响。

本书以珠江流域的西江为研究区域，梳理了流域内突发事件的特征，并以西江流域骨干水库群（天生桥一期、光照、龙滩、岩滩、百色、红花、长洲）为研究对象，开展了典型突发事件的水库应急调度研究，提出了各突发事件的水库应急调度方案，以期为珠江流域突发事件应急管理提供技术参考。

1.2　国内外研究现状及分析

水资源应急调控和水库应急调度已成为流域水资源管理研究的热点和难点，其内容涉及水文、水资源、水动力及水环境等多个方面。以下从水库应急调度研究和水库应急调度方案评价两方面介绍相关研究进展。

1.2.1　水库应急调度研究

为落实水量分配方案和取用水总量控制方案，必须进行水资源调度。其实施过程中，需要统筹考虑水量、水质和水生态保护，对流域内和行政区域内（不考虑跨流域调水）的水资源（包括地表水、地下水和其他水源）实行统一调配，从而实现水资源的优化配置。水资源调度可分为水资源常规调度和水资源应急调度。其中，后者是针对水资源突发事件，保障供水安全而采取的短期非常措施，其实现一般需要借助流域内外的水库等水利工程。

中国筑坝数量居世界之最，它是人类开发利用水资源最有效的手段之一（黄强等，2021）。当前研究多考虑由单库承担水污染等突发事件的应急调度任务，较少探讨水库群的联合应急及其他类型突发事件的综合处置。如苏友华（2011）研究了崇左市突发水污染应急调水方案和实施办法；辛小康等（2011）分析了三峡水库应急调度措施对瞬排型水污染事故的有效性和可行性；陶亚等（2013）探讨了污染物应急处置措施的类型、原理和效果；余真真等（2014）研究了小浪底水库应急调度对下游水污染事故的处置效果；丁洪亮等（2014）分析了丹江口水库不同应急调度方式对汉江丹襄段不同位置的污染物的稀释掺混作用；王家彪（2016）构建了考虑非防洪性库容与超蓄防洪库容运用的西江流域防洪应急调度模型。

在突发水污染处置方面，通过水库应急调度以加大下泄流量是一种较常见且有效的非工程措施（Saadatpour et al.，2013；Vanda et al.，2021），主要目的是稀释河流内可溶性或可降解污染物（如有机物或重金属等）或促进其降解，并加快污染物运移速度，使污染水团尽快离开重要水源地或重要城市，从而缩短污染水体对供水的影响时长。有时需要视实际情况，将水库应急调度与工程措施结合使用，如针对具体污染物的理化特征，采用拦截、吸附、混凝、底泥疏浚、河道生态修复等方式从水体中直接移除污染物（陶亚等，2013）。对于珠江等大流量河流，污染物入河后混合速度快、形成的污染带长、波及范围广，单独采用工程措施处理难度较大，而应用水库稀释冲污的办法往往会取得较好效果。

河流水污染过程模拟是水库突发水污染应急调度的前期基础（Benedini et al.，2013）。陈军（2008）建立了湘江突发重金属水污染应急调度模型；王林刚（2011）建立了河流突发水污染模拟预测可视化系统，并进行了实例研究；白莹（2013）建立了黄河突发水污染预警模型并评价了调度的生态风险；王家彪（2016，2018）分析了西江流域水库调水稀释处置突发水污染的可行性和实用意义，建立了贺江应急调度模型，提出了包含起调时间、调度时长和调度流量等信息的应急方案，评价了调水效果和影响。

应对突发水污染事件的水库应急调度和被污染水体水质评价都离不开水质计算，常用手段是水质模型。它一般通过建立并求解描述污染物质在水环境中混合和输运过程的数学方程，刻画污染物在水体内的时空变化规律（Fu et al.，2020）。水质模型的发展可分为三个阶段：①起步与探索阶段，其标志是提出了第一代水质分析模拟程序模型（water quality analysis simulation program，WASP）（Ambrose，2009）；②发展成熟阶段，开始研究考虑水动力条件下多维非稳态和时间空间多层次的模型，开发出了MIKE系列（Danish Hydraulic Institute，2004）等模型；③全面应用与综合完善阶段（21世纪初至今），MIKE系列等模型实现广泛应用与再开发和嵌套应用，同时耦合水文气象和水动力的三维动态水质模型开始走向主流（周新民等，2010）。

随着流域管理的综合化、系统化，河流水系的水质计算已发展成为一个完整的学科问题，也逐渐成为流域水库调度研究的基本内容，如服务水库污染事件响应管理的多目标模拟与优化方法（Saadatpour et al.，2013）、河流水质模型的参数率定方法（Ferreira et al.，2020）、寻求水库优化调度方案的代理模型等（Vanda et al.，2021）。未来要加强监测数据的质量控制、模型参数化和校准的精度及不确定性分析等工作（Fu et al.，2020）。

1.2.2 水库应急调度方案评价

水库调度方案评价模型与方法的相关研究较为成熟，但针对应急调度的评价研究较少。如陈守煜等（1988）在研究模糊集理论和系统分析的基础上，提出了模糊优选模型并进行了多项实践；丁勇等（2007）应用D－S理论评价了多水库联合调度方案，重点分析了多目标决策的不确定；马志鹏等（2007）提出了灰色关联决策模型并进行水库防洪调度应用；王丽萍等（2009）采用可拓学理论进行了防洪系统水库群调度方案的优先等级评价；李继伟等（2013）提出了改进 TOPSIS（Technique for Order Preference by Similarity to an Ideal Solution）方法，评价了三峡水库水沙联合调度方案；董增川等（2015）基于模糊优选法、灰色关联分析法和集对分析法等，建立了组合决策模型，统筹考虑了各方案的优劣顺序；刘永安等（2018）采用集对分析法对城市防洪标准方案进行了优选。综上，研究重点是确定指标权重和选择方案评价方法。

1.3 西江流域概况

珠江由西江、北江、东江及珠江三角洲诸河组成，流经云南、贵州、广西、广东、湖南、江西等六省（自治区），香港和澳门特别行政区，以及越南东北部。流域位于东经 102°14′～115°53′和北纬 21°31′～26°49′之间。流域总面积为 45.37 万 km^2，其中我国境内面积为 44.21 万 km^2。西江、北江、东江和珠江三角洲诸河流域面积分别占珠江流域总面积的 77.8%、10.3%、6.0%和 5.9%。

西江是珠江的主流，是珠江水系中最长的河流，发源于云南省马雅山，干流全长 2214km，流域面积 35.3 万 km^2。该流域属于湿热多雨的热带亚热带气候区，多年年平均气温为 19.5℃，多年年平均降水量为 1621.4mm，流域多年平均径流量为 583.7 亿 m^3（何治波等，2019）。径流年内分布不均匀，每年 4—9 月为丰水期，丰水期的径流量约占全年的 78%；10 月至次年 3 月为枯水期，径流量约占全年的 22%；降水量地区分布不均匀，总趋势是由东南向西北递减（孙甲岚，2014）。历史上水旱灾害频繁，近年来受全球气候变化影响，防洪抗旱形势更加严峻；受干旱和地形演变的影响，咸潮强度增强，咸界明显上移，危害加大。

西江流域示意图见图 1-1。

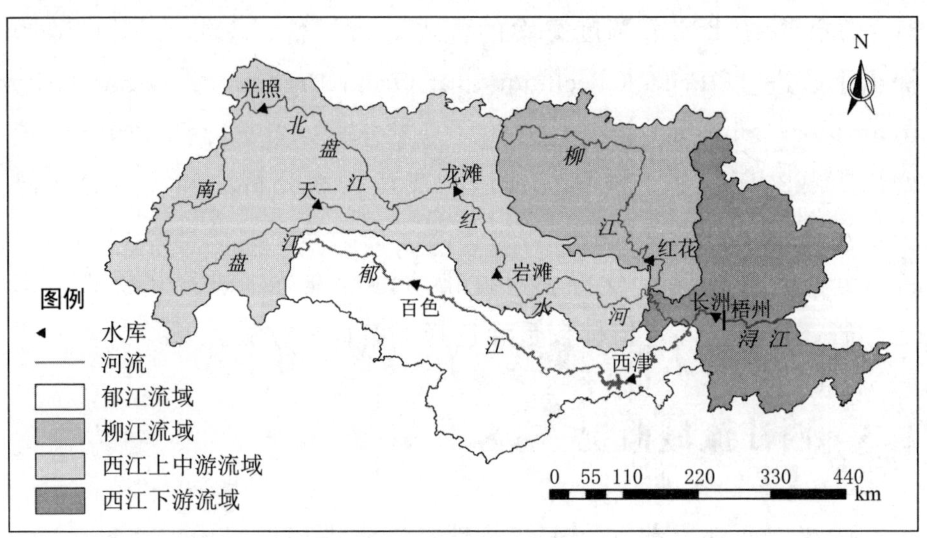

图 1－1　西江流域示意图

1.4　研究内容

本书针对流域水资源突发事件，分析应急水源，设置水库应急调度方案集，建立流域水库应急调度模型，优选应急调度方案。本书技术路线见图 1－2。研究内容包括以下四部分。

（1）西江流域涉水突发事件水库应急调度技术体系研究，包括：①涉水突发事件分析；②应急水源分析；③水库应急调度基本原则；④应急管理程序。

（2）突发水污染水库应急调度研究，包括：①河流二维水动力模型和水质模型；②突发水污染应急调度目标与基本假设；③突发水污染水库应急调度实例研究。

（3）水库失能应急调度研究，包括：①水库失能情景与应急调度方案集；②水库失能应急调度模型；③水库失能应急调度实例研究；④突发水污染与水库失能组合情景应急调度研究。

（4）水库失能应急调度方案评价，包括：①水库失能应急调度方案评价模型；②水库失能应急调度方案评价实例。

需要注意的是，本书中水库应急调度的时间一般为 10 天。原因在于突发事件的应急处置具有时间紧迫性，为缓解或消除事件的短期影响，就必须进行水库短期调度。

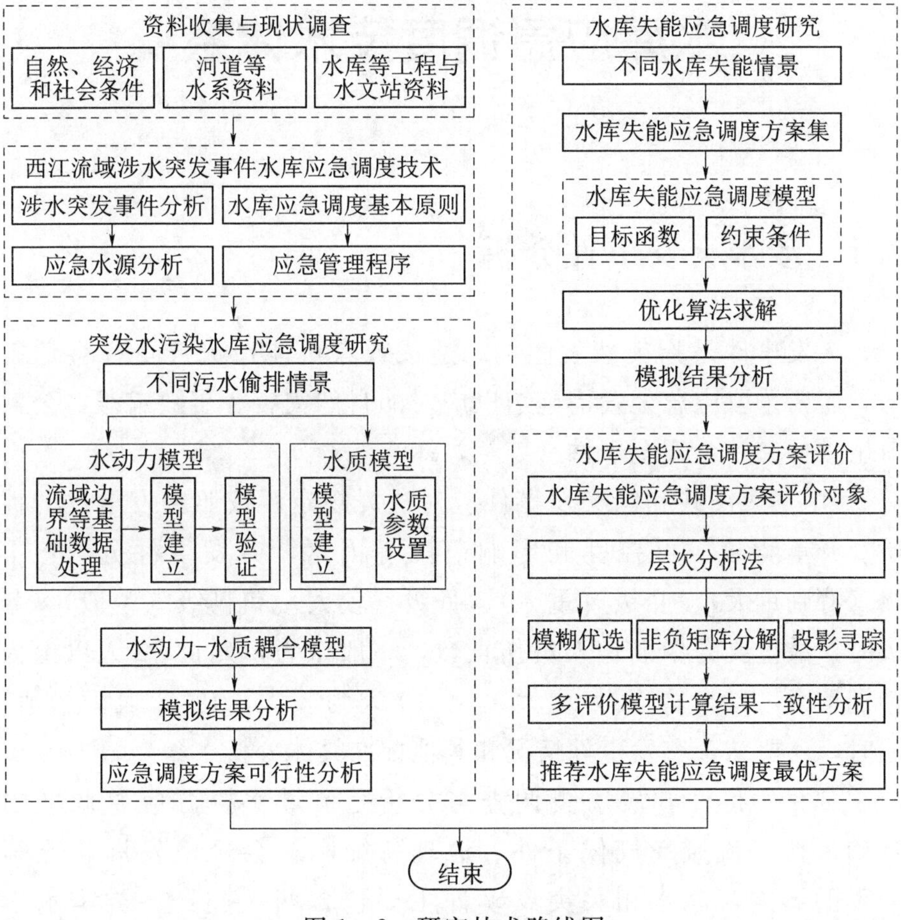

图 1-2　研究技术路线图

思　考　题

1. 与传统的水库调度相比，水库应急调度有何特点？
2. 水库应急调度包含哪些研究内容？
3. 水库应急调度面临的主要问题和挑战是什么？

第 2 章　西江流域涉水突发事件水库应急调度技术体系

2.1　涉水突发事件分析

突发事件是指突然发生的，造成或者可能造成严重社会危害的，需要采取应急处置措施予以应对的自然灾害、事故灾难、公共卫生事件和社会安全事件（姜兰，2007）。

《中华人民共和国突发事件应对法》规定，按照突发事件的性质、严重程度、可控性和影响范围等因素，突发事件分为：Ⅰ级（特别重大）、Ⅱ级（重大）、Ⅲ级（较大）和Ⅳ级（一般）。分级时，最重要的标准是人员伤亡数，一般认为，死亡 30 人以上为特别重大，11～30 人为重大，4～10 人为较大，1～3 人为一般；同时，还要结合突发事件情况和其他标准具体分析。

对突发事件开展历史调查与分析是流域水资源应急调度的基础。西江流域受气候条件、地理特征和社会经济发展状况等因素的影响，涉水相关突发事件主要包含两大类：一类是水旱等自然灾害，如极端洪涝、极端干旱、旱涝急转、咸潮入侵；另一类是威胁流域水安全的事故灾难，如突发水污染和水利工程失事。

西江流域涉水主要突发事件的特征见表 2-1，分析可知：突发水污染、工程失事、旱涝急转和咸潮入侵四类事件的发生频率较高、持续时间较长或造成损失较大；极端洪涝和极端干旱则是水库正常运行应对的小概率事件。

表 2-1　西江流域涉水主要突发事件的特征

事件类型	发生频率	持续时间	造成损失	历史事件
突发水污染	高	中	中	2012 年 1 月 15 日，广西龙江镉污染事件
工程失事	低	短	大	2010 年 9 月 21 日，信宜市尾矿库溃坝事件
旱涝急转	高	长	大	2015 年 4—5 月，西江流域旱涝急转事件
咸潮入侵	高	中	小	2011 年 12 月，西江下游特大咸潮事件
极端洪涝	低	中	大	1998 年 6 月，西江流域特大洪水事件
极端干旱	低	长	中	2010 年 1—3 月，西南地区持续大旱事件

2.1.1 突发水污染事件

西南地区是我国著名的重工业基地，金属资源的开采量大、有色金属的生产量大、金属商品的交通运输繁忙。西江主要河段多流经该区域，水体受污染的风险极高。随着珠江-西江经济带国家级战略的实施，西江上游流域已初步建成以煤炭、钢铁、有色金属、建材工业为基础的工业体系，形成了一批大中型城市。工业体系的建立和社会经济的发展使得突发水污染风险不断增加，近年来流域内已发生多起突发水污染事件，且以重金属污染物和瞬时排放污染源为主要类型。西江流域突发水污染事件分级见表 2-2。

表 2-2　西江流域突发水污染事件分级

等级	严重程度	地表水源取水中断时间/天
Ⅰ级	特别重大	≥30
Ⅱ级	重大	15～29
Ⅲ级	较大	8～14
Ⅳ级	一般	≤7

西江流域 2000 年以后突发的水污染典型事件简述如下。

(1) 2011 年 8 月，云南曲靖，南盘江，铬污染事件。陆良化工实业有限公司将铬渣售卖给不具资质的运输企业，运输过程中非法丢弃超过 5000t 未经无害化处理的含铬废物，造成曲靖市麒麟区附近山区及三宝镇、张家营村等多处水体遭到铬污染；同时，该公司在南盘江附近的露天贮存设施中贮存含铬废物 28.84 万 t。上述行为直接威胁到珠江源头南盘江的水质安全（郭楠等，2013）。

（2）2012 年 1 月，广西，龙江河，镉污染事件。泄漏约 20t 镉，为 2012 年环境统计年报公布的全国排放废水中镉排放量 26.7t 的 74.91%，对柳江支流龙江河段上游至柳江三岔断面 50km 范围造成严重污染，影响 300km 河段，拉浪电站坝前 200m 处水体的镉浓度曾超标 80 倍，对沿江地区和下游柳州市的供水、经济和社会造成严重负面影响。该事件通过放水稀释和投放降解吸附物（聚合氯化铝）等方式降低了镉浓度（胡华龙等，2012）。

（3）2013 年 7 月，广西，贺江，镉-铊污染事件。污染源为上游马尾河一带的 112 家非法采矿企业，上游的贺江马尾河到与封开县交界处 110km 的河段被污染，其中位于贺州境内靠近封开县的合面狮水库污染最为严重，污染物浓度超标持续了近两个星期，不同断面污染物浓度超标 1～5.6 倍。贺江、西江沿线下游群众被要求停止饮用贺江水源和食用贺江鱼类等水产品。该事件通过水库调度稀释污染物、化学处理和应急供水等综合手段进行了处置（高媛，2015）。

2.1.2　水库失能事件

西江流域现已建成龙滩水库、岩滩水库、百色水库、天生桥一期和二期水库等众多大中型水利工程。该流域汛期降雨集中、暴雨多、洪水峰高量大，21 世纪以来极端气象事件发生频率和强度不断增加，水利工程运行风险加大，工程事故乃至溃坝洪水的发生概率增加。如 2010 年 9 月 21 日，台风“凡亚比”带来强降雨，引发泥石流造成广东省信宜市一处尾矿库溃坝，导致 5 人死亡、多人受伤和失踪，尾矿废水流入西江，直接威胁西江下游的饮用水安全。

2.1.3 旱涝急转事件

西江流域的降水-气温相依结构发生变异（刘哲等，2020），部分年份出现旱涝急转现象，一般受汛前和汛初两因素影响。一方面，厄尔尼诺事件持续发展、影响华南的冷空气偏弱、西太平洋副热带高压偏强偏西等气象原因，造成西江流域冷暖空气难以交汇，导致降水量严重偏少，或延后入汛时间（部分年份延后超过30天），易形成汛前干旱；在入汛初期，随着低纬热带季风的活跃，经中南半岛进入我国华南地区的西南暖湿气流明显增强，并与副高西侧的暖湿气流一起向华南地区输送水汽，而此时冷空气仍然比较活跃，在冷空气不断南下的过程中，冷暖气流在华南地区产生明显交汇，致使西江流域频繁出现强降水天气，易造成洪涝灾害。若汛前干旱与入汛洪水遭遇，会造成旱涝急转的严重灾害。如2015年1—4月，广西多地出现严重气象干旱，导致数万人出现临时性饮水困难；5月后，桂北地区出现持续强降雨天气，旱情得以缓解，但局部地区出现严重洪涝灾害。

2.1.4 咸潮入侵事件

当西江出现上游少雨或中下游取水量较多时，下游压咸流量可能偏小，此时若受到海潮或风暴潮影响，易形成咸潮入侵现象。例如，2011年12月，珠江流域遭遇干旱，广东出现历史上最严重的咸潮事件，广东省珠海市平岗泵站截至12月18日连续14天无法取水（吴涛，2011）。

2.1.5 极端洪涝事件

西江流域暴雨集中在4—10月，一次流域性暴雨过程约为7天，主要雨量集中在3天内。由于暴雨强度大、次数多、历时长，易造成极端洪涝灾害。如西江流域于1998年6月发生了百年一遇洪水，支流桂江的上游桂林水文站连续出现4次洪峰，最高水位达到历史实测最高值，受上游干支流来水和区间降雨的双重作用，梧州最大流量达到 52900m^3/s，水位达到 26.51m。

2.1.6　极端干旱事件

西江流域干旱的形成和发展受到了多重因素控制。降水量在年内和年际上呈现显著的时空分布不均性；流域位于热带、亚热带地区，太阳辐射强烈，水汽蒸发强烈；流域农业以漫灌为主，节水灌溉率低，春夏季农作物耗水量巨大；流域植被覆盖率高达 60%，夏季蒸腾作用强烈；流域城镇居民生活用水量、工业用水量和生态用水量等都不断增长。如西南地区 2010 年出现持续大旱，梧州水文站（西江主要控制站）3 月上旬的旬平均流量为 1270m^3/s，比 2009 年减少约 60%，比多年同期减少约 40%，右江（西江支流）田东水文站 3 月 2 日出现历史实测最低水位 89.01m，比 1956 年建站以来的历史最低水位 89.13m（1958 年 6 月）还低 0.12m。

2.2　应急水源分析

应急水源指常规供水不足或受阻中断时能快速启用，并在一定时间段内满足特定用水需求以保障安全供水的水源。西江流域应急水源主要为天生桥一期（简称天一）、光照、龙滩、岩滩、红花、百色、西津、长洲等 8 座骨干水库。注意，本书未深入考虑流域内各城市的应急备用水源。

西江流域应急水源（水库）的基本特性和参数见表 2－3。

表 2－3　西江流域应急水源（水库）的基本特性和参数

水库	集水面积/km^2	死水位/m	汛限水位/m	正常蓄水位/m	死库容/亿 m^3	调节库容/亿 m^3	装机容量/万 kW	调节性能
天一	50139	731.0	776.0	780.0	25.99	57.96	120.0	多年
光照	13548	691.0	745.0	745.0	10.98	20.37	104.0	不完全多年
龙滩	98500	340.0	385.4	400.0	67.40	205.30	630.0	年

续表

水库	集水面积/km²	死水位/m	汛限水位/m	正常蓄水位/m	死库容/亿 m³	调节库容/亿 m³	装机容量/万 kW	调节性能
岩滩	106580	212.0	219.0	223.0	15.60	10.50	181.0	日
红花	46770	72.5	77.5	77.5	3.11	0.29	22.0	日
百色	19600	203.0	219.7	228.0	21.80	26.20	54.0	不完全多年
西津	80900	59.0	61.0	62.1	8.00	6.00	23.4	季
长洲	308600	18.6	19.6	20.6	15.20	3.60	63.0	日

西江流域应急水源（水库）近年的月平均蓄水量的分布范围（其制图的MATLAB源代码见附录A.1），见图2-1。

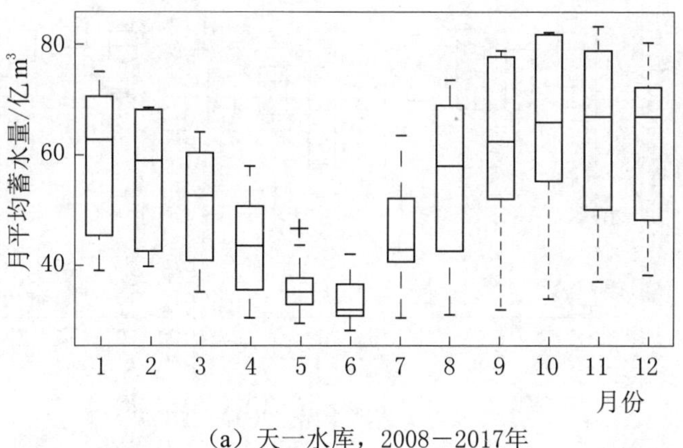

(a) 天一水库，2008—2017年

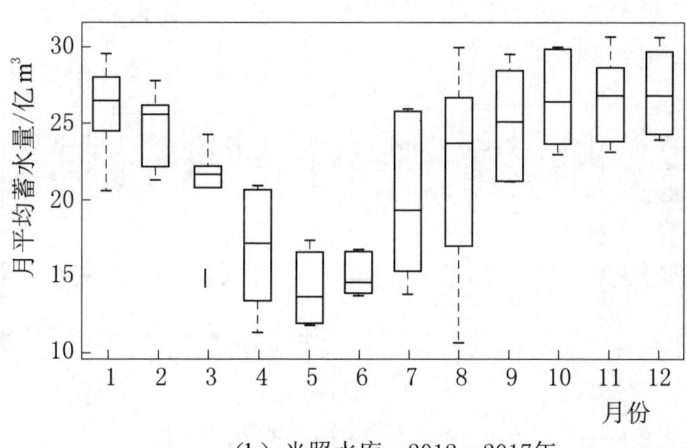

(b) 光照水库，2012—2017年

图2-1（一） 西江流域应急水源（水库）近年的月平均蓄水量的分布范围

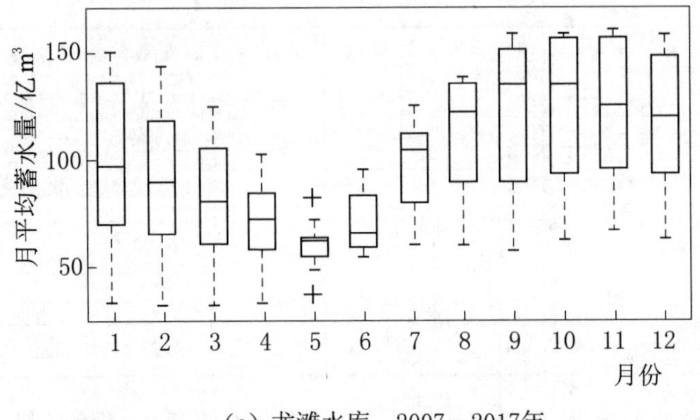

（c）龙滩水库，2007—2017年

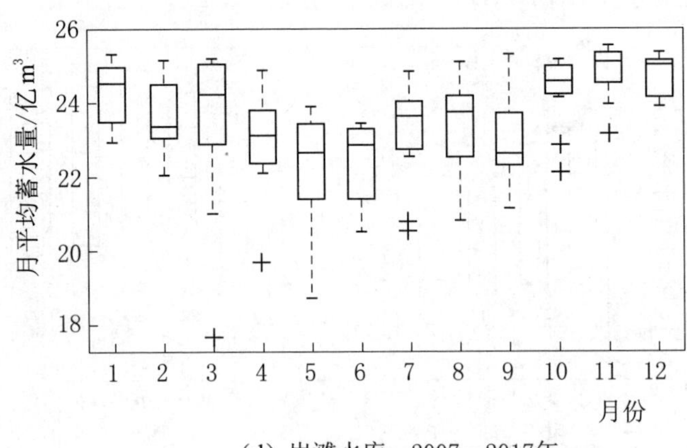

（d）岩滩水库，2007—2017年

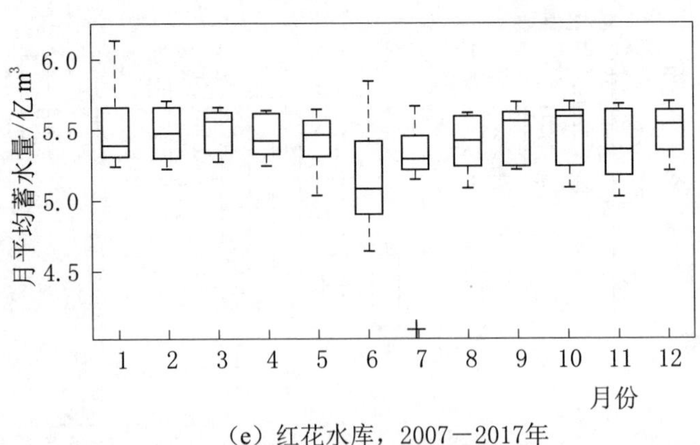

（e）红花水库，2007—2017年

图 2-1（二）　西江流域应急水源（水库）近年的月平均蓄水量的分布范围

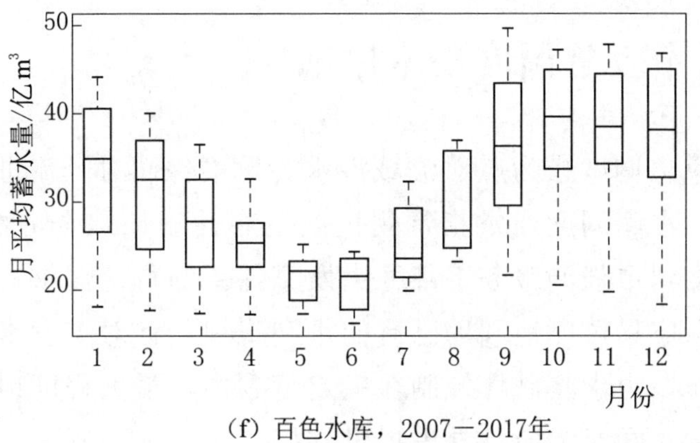

(f) 百色水库，2007—2017年

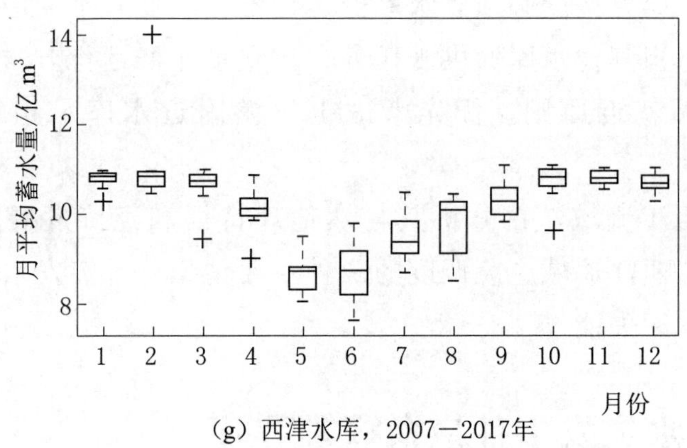

(g) 西津水库，2007—2017年

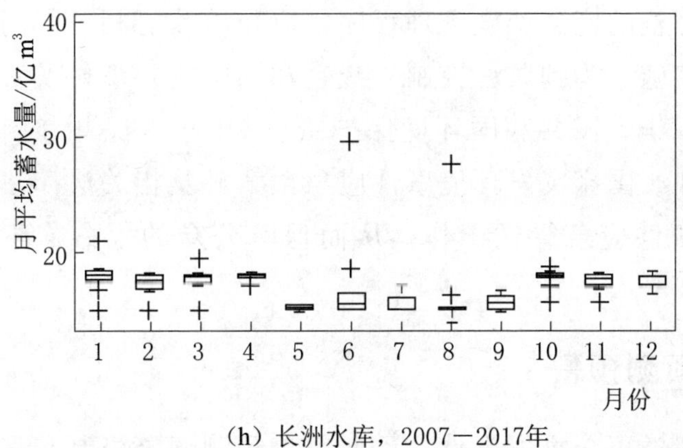

(h) 长洲水库，2007—2017年

图 2-1（三） 西江流域应急水源（水库）近年的月平均蓄水量的分布范围

2.3　水库应急调度基本原则

水库应急调度指为应对流域涉水突发事件而对径流进行应急调节的过程。水库调度通常指常规情况下有计划地综合分配水资源，而应急调度则更强调服务于某种突发事件下的特定需求。在有条件的河道上，应尽可能地利用已有的水利工程，针对突发事件开展应急调控工作，力求将破坏控制在一定范围内，最大程度地减少事故造成的影响，同时为应急处置提供支持。

为此，应急调度必须以水库群运行方式改变最小为原则，即以最少水库承担其他水库的供水任务，建立水库群运行方式改变最小模型；遵循就近原则，优先考虑上下游附近水库承担应急供水任务。

针对西江流域，在分析其自然地理特征和经济发展情况基础上，确定了西江流域应急调度的两种主要情景——突发水污染和工程失事（水库失能）。

2.4　涉水突发事件应急管理程序

一个完整的应急调度管理程序，应当由政府相关部门和重要企业制定和实施。为预防、控制、减轻和消除突发事件及其危害，需要根据《中华人民共和国环境保护法》《中华人民共和国突发事件应对法》和《国家突发环境事件应急预案》及相关法律法规，规范涉水突发事件应急管理工作，从而保障公众的生命、环境和财产安全。

2.4.1　预测预警

针对各类可能突发事件，不断完善预测预警机制和相关管控系统，进行风险分析，争取早发现、早报告和早处置。

预警信息包括突发事件的类别、预警级别、起始时间、可能影响范围、警示事项、应采取的措施和发布机关等。预警信息的发布、调整和解除，可通过电视、广播、报刊、手机、网络、宣传车等多种方式逐户或逐人进行，特别要对老幼病残孕等特殊人群和高风险地区进行重点公告。

根据突发事件可能造成的危害程度、紧急程度和发展势态，预警级别可分为四级：Ⅰ级（特别严重）、Ⅱ级（严重）、Ⅲ级（较重）和Ⅳ级（一般），依次用红色、橙色、黄色和蓝色表示。

2.4.2 应急准备

各部门按照相关规定，在进行突发事件风险评估和应急水资源调查的基础上制订应急预案，并按照分类分级管理的原则，报上级主管部门备案。

突发事件应急预案制定单位要定期开展应急演练，提交演练评估报告，不断完善应急预案。对相关人员定期开展应急知识和技能培训，详细记录培训的时间、内容、参加人员等信息；同时，加强应急能力标准化建设，配备应急监测仪器设备和装备，提高重点流域和区域的突发事件预警能力。此外，要根据实际情况建立应急物资储备库。

2.4.3 应急处置

应急处置分为四个阶段。

（1）信息报告。发生特别重大或者重大突发事件后，各地区和部门要立即上报，同时通报有关地区和部门；应急过程中，要及时续报有关情况。

（2）先期处置。发生突发事件后，当地政府或者有关部门要根据职责和规定的权限及时地启动相关应急预案，妥善地控制事态。

（3）应急响应。对于先期处置未能有效控制事态的突发事件，要升级由相关应急指挥机构统一指挥或指导有关地区、部门统筹进行处置。针对突发事件的水库应急调度一般在此阶段实施。

（4）应急结束。应急工作结束或消除危险因素后，应撤销现场应急指挥机构。

2.4.4　事后恢复

事后恢复分为三个阶段。

（1）善后处置。对相关伤亡人员和应急工作人员，要按照规定给予抚恤和补助并提供心理及司法援助；对紧急调集和征用的物资，要按照规定补偿；做好疫病防治和环境污染消除工作；保险机构及时理赔有关单位和个人的损失。

（2）调查与评估。对突发事件的起因、性质、影响、责任、经验、教训和恢复重建等问题，进行调查评估。

（3）恢复重建。制定受灾地区恢复重建计划并组织实施。

2.4.5　信息公开

突发事件的信息发布必须做到及时、准确、客观、全面。要在第一时间向公众发布事件简要信息，随后发布初步核实情况、政府和公众的应急措施等，同时不断通报应急处置情况。

思 考 题

1. 西江流域涉水突发事件可分为几类？分别有哪些特点？

2. 什么是应急水源（水库）？可用哪些特征参数表征应急水源的规模？

3. 论述水库应急调度的基本原则。

4. 简述涉水突发事件的应急管理程序。

5. 附录 A.1 中，set 函数、subplot 函数、boxplot 函数、xlsread 函数和 print 函数的功能分别是什么？

第3章　突发水污染水库应急调度研究

对于突发水污染事件，应尽量缩小其影响范围。以就地处理为主，常见方法包括混凝法、吸附法、离子还原法、离子交换法、植物修复法、动物修复法、微生物修复法、藻类修复法、电修复法、生物膜修复法等。对于已经进入河道的污染物，还可以配合采用水体稀释的方法。为简化突发水污染事件应急调度模拟的复杂度，本书仅讨论水库加大泄水稀释入河污染物的处置方案。在水库应急调度过程中，水库下泄流量和水量是核心要素。为准确量化和综合评估应急效果，本章采用河流二维水质模型模拟不同情景下的河道内污染物的时空变化过程。

3.1　河流二维水质模型

3.1.1　基础理论方程

当河段较短或宽度较大时，污染物在宽度方向上的浓度梯度较大，此时不仅需要纵向的模拟，还需要横向的模拟，即在纵向和横向上对所研究的水体进行单元格划分，该方法被称为河流二维有限单元模拟（边凯旋等，2020）。现实的河流都不是平直的、宽度均匀的，因而无法采用直角坐标系划分网格单元。例如一维模型中 X 坐标轴就是河流中心流线，它是一条曲线。在二维模型中，河流横向上被划分成 M 条流带，各流带的宽度各不相同，但各流带的流量保持恒定，即对于纵坐标相同但横坐标不同的两个单元，两者之间无水量交换，其实就相当于将研究的河流分成 M 条河流；河流

在纵向上则被分成 N 段，如此划分为 $N \times M$ 个单元。

对流扩散方程是河流二维水质模型的基础，其表达式为

$$\mu \frac{\partial C}{\partial x}+\nu \frac{\partial C}{\partial y}=E_x \frac{\partial^2 C}{\partial x^2}+E_y \frac{\partial^2 C}{\partial y^2}-kC \tag{3-1}$$

式中　C——污染物浓度，mg/L；

x——沿水流方向的纵向坐标，m；

y——垂直于水流方向的横向坐标，m；

μ——纵向平均流速，m/s；

ν——横向平均流速，m/s；

E_x——纵向扩散系数，m^2/s；

E_y——横向扩散系数，m^2/s；

k——污染物浓度综合衰减系数，s^{-1}。

当河道顺直且水深变化较小时，横向流速 ν 近似为零，纵向扩散项远小于对流项。式（3－1）可简化为

$$\mu \frac{\partial C}{\partial x}=E_y \frac{\partial^2 C}{\partial y^2}-kC \tag{3-2}$$

河心点源连续排放情景，污染物浓度场的计算公式为

$$C(x,y)=\frac{M}{\sqrt{4\pi E_y x\mu}}\exp\left(-\frac{\mu y^2}{4xE_y}-K\frac{x}{\mu}\right) \tag{3-3}$$

式中　$C(x,y)$——第（x，y）单元的污染物浓度，mg/L。

横向扩散系数 E_y 受河流的水力学特征控制，选用泰勒公式计算：

$$E_y=a_y HU \tag{3-4}$$

式中　E_y——横向扩散系数，m^2/s；

H——河段水深，m；

U——河段摩阻流速，m/s；

a_y——经验系数，与河段的水深、弯曲、河岸的规则度、水流的摆动幅度有关。

对于第（i，j）个单元（$i=1,\cdots,N;j=1,\cdots,M$），有以下四个单元与之相邻。

（1）上游单元：坐标为（$i-1$，j）；若 $i=1$，则上游单元为上边界。

（2）下游单元：坐标为（$i+1$，j）；若 $i=n$，则下游单元为下边界。

（3）左侧单元：坐标为（i，$j-1$）；当 $j=1$ 时，其左侧单元为左岸。

（4）右侧单元：坐标为（i，$j+1$）；当 $j=m$ 时，其右侧单元为右岸。

由水流输入/输出第（i，j）单元的污染物量 $P_{i,j}^{Q}$ 为

$$P_{i,j}^{Q}=Q_j(C_{i-1,j}-C_{i,j})t\times10^{-3} \tag{3-5}$$

式中 Q_j——第 j 流带的流量，m^3/s；

$C_{i,j}$——第（i，j）单元的污染物浓度，mg/L；

t——计算时长，s。

其中，由纵向弥散作用输入/输出第（i，j）单元的污染物量 $P_{i,j}^{X}$，计算公式为

$$P_{i,j}^{X}=M_{i-1,j,i,j}\frac{A_{i-1,j,i,j}}{\overline{x}_{i-1,j,i,j}}(C_{i-1,j}-C_{i,j})-M_{i,j,i+1,j}\frac{A_{i,j,i+1,j}}{\overline{x}_{i,j,i+1,j}}(C_{i,j}-C_{i+1,j}) \tag{3-6}$$

由横向弥散作用输入/输出第（i，j）单元的污染物量，$P_{i,j}^{Y}$ 计算公式为

$$P_{i,j}^{Y}=M_{i,j-1,i,j}\frac{A_{i,j-1,i,j}}{\overline{y}_{i,j-1,i,j}}(C_{i,j-1}-C_{i,j})-M_{i,j,i,j+1}\frac{A_{i,j,i,j+1}}{\overline{y}_{i,j,i,j+1}}(C_{i,j}-C_{i,j+1}) \tag{3-7}$$

式中 $M_{i,j-1,i,j}$——第（i，$j-1$）单元和第（i，j）单元之间的弥散系数；m^2/s；

$A_{i,j-1,i,j}$——第（i，$j-1$）单元和第（i，j）单元之间的界面面积，m^2；

$\overline{x}_{i-1,j,i,j}$——纵向相邻单元间［第（$i-1$，j）单元和第（i，j）单元］的平均距离，m；

$\overline{y}_{i,j,i,j+1}$——横向相邻单元间［第（i，j）单元和第（i，$j+1$）单元］的平均距离，m。

第（i，j）单元的污染物衰减量，$P_{i,j}^{\mathrm{D}}$，计算公式为

$$P_{i,j}^{\mathrm{D}}=V_{i,j}K_{ij}c_{i,j} \tag{3-8}$$

式中　$V_{i,j}$——第（i，j）单元的体积，m^3；

K_{ij}——第（i，j）单元的污染物衰减系数，s^{-1}。

3.1.2　模型输入数据

本书采用已被广泛使用的地面水环评软件 EIAW1.1 模拟水质过程，其数据输入与结果输出界面如图 3-1 所示。

在进行河流二维水质模拟时，为描述河流状态和划分网格，需要输入以下 4 类数据。

（1）$N+1$ 个纵断面：位置、累积流量表达式、水深与离岸距离关系表达式。

（2）M 个流带：流量（或第一个断面各流带的宽度）。

（3）$N\times M$ 个单元：位置、体积、相邻单元的平均距离、相邻

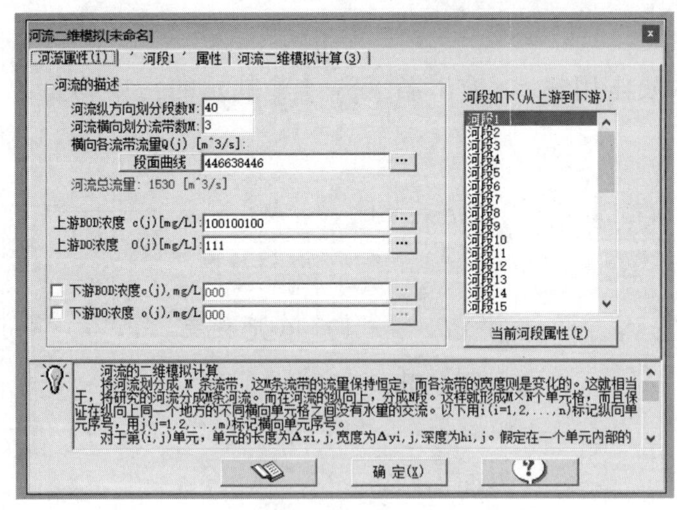

（a）输入界面

图 3-1（一）　EIAW 1.1 的数据输入与结果输出界面

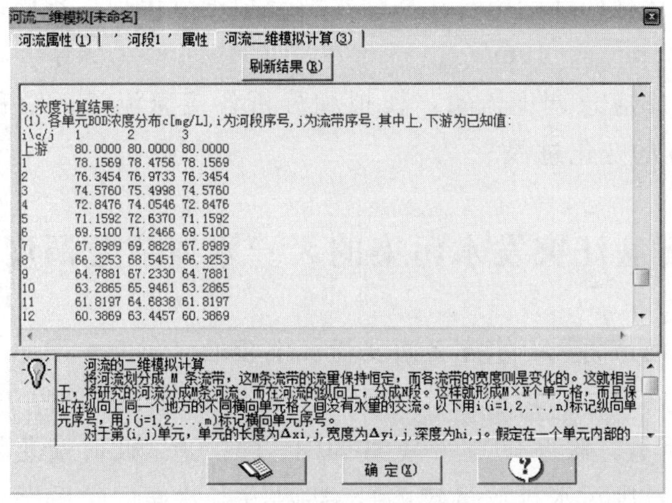

(b) 输出界面

图 3-1（二） EIAW 1.1 的数据输入与结果输出界面

单元的界面面积，各单元界面之间的弥散系数，纳污量、降解系数、复氧系数，饱和溶解氧浓度。

（4）上游来水：污染物浓度、溶解氧浓度。

3.2 应急调度目标与假设

根据最不利原则，假设突发水污染发生在珠江流域枯水期，即11月至次年4月。

水库应急调度目标为污水团进入位于模拟河段末的水库库区之前，被稀释达到地表水Ⅲ类标准，即生物需氧量（BOD）的浓度不超过4mg/L。

BOD是一项反映水体有机物等需氧污染物含量的综合指标，其沿河道输移过程中可降解。生活污水的BOD含量一般约为500mg/L，工业废水的BOD含量可达1000mg/L以上。因此，为模拟极端状况，本书假设偷排（如污水处理厂设备突发故障未及时上报，为偷排情形之一）污水的BOD均为2000mg/L。

本书选择西江的南盘江和红水河分别进行模拟，各假设 5 种偷排流量（$5m^3/s$、$10m^3/s$、$15m^3/s$、$20m^3/s$ 和 $25m^3/s$），并设置不同的水库应急调度流量，模拟和分析各应急流量下沿程各断面 BOD 浓度的变化过程。

3.3　南盘江突发水污染的天一水库应急调度

模拟河道为天一水库至南北盘江汇合处（龙滩水库库区前）之间的南盘江河段，该河段长约 160km，被等间距划分为 40 段，如图 3-2 所示。假设 2017 年 1 月 30 日 19：00（此时安龙县城为用水高峰期，废污水排放量较大），县内污水处理厂除污设备突发故障，导致废污水（排放流量分别假设为 $5.0m^3/s$、$10.0m^3/s$、$15.0m^3/s$、$20.0m^3/s$、$25.0m^3/s$）未经处理直接排放到距离天一水库大坝下游 13km 处（以下简称“事故地点”）的南盘江河段；1 月 30 日 22：00，天一水文站监测发现断面 BOD 浓度急剧上升，紧急上报上级部门；1 月 30 日 24：00，天一水库开始应急调度。

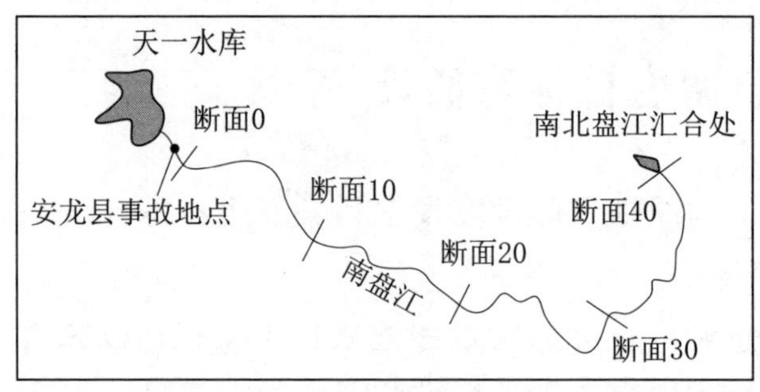

图 3-2　南盘江突发水污染事件模拟河段概化图

经计算，南盘江污水偷排情景的天一水库应急调度方案的河道各断面的 BOD 峰值浓度见表 3-1。

依据该表，绘制南盘江污水偷排情景的天一水库应急调度方案的河道断面的 BOD 峰值浓度图（其制图的 MATLAB 源代码见附录 A.2），见图 3-3。可知：①沿程各断面浓度均逐渐减小；

表 3-1 南盘江污水偷排情景的天一水库应急调度方案的河道各断面的 BOD 峰值浓度

偷排流量/(m^3/s)		5				10								15							
应急流量/(m^3/s)		方案1	方案2	方案3	方案4	方案1	方案2	方案3	方案4	方案5	方案6	方案7	方案8	方案1	方案2	方案3	方案4	方案5	方案6	方案7	方案8
		600	900	1500	2000	100	600	900	1500	2000	2500	3500	4600	600	900	1500	2000	2500	3500	4600	6000
BOD峰值浓度/(mg/L)	断面 0	16.50	11.00	6.60	5.00	19.00	15.60	14.30	13.00	11.60	9.50	8.60	7.40	48.80	32.80	19.80	14.90	11.90	8.50	6.50	5.00
	断面 1	15.78	10.52	6.31	4.78	17.65	15.00	13.75	12.50	11.15	9.13	8.27	7.11	46.57	31.30	18.89	14.22	11.36	8.11	6.20	4.77
	断面 2	15.08	10.05	6.03	4.57	16.69	14.31	13.11	11.92	10.64	8.71	7.89	6.79	44.41	29.85	18.02	13.56	10.83	7.74	5.92	4.55
	断面 3	14.41	9.61	5.77	4.37	15.81	13.55	12.42	11.30	10.08	8.25	7.47	6.43	42.35	28.46	17.18	12.93	10.33	7.38	5.64	4.34
	断面 4	13.78	9.18	5.51	4.17	14.98	12.84	11.77	10.70	9.55	7.82	7.08	6.09	40.39	27.14	16.39	12.33	9.85	7.03	5.38	4.14
	断面 5	13.17	8.78	5.27	3.99	14.19	12.17	11.15	10.14	9.05	7.41	6.71	5.77	38.51	25.89	15.63	11.76	9.39	6.71	5.13	3.95
	断面 6	12.58	8.39	5.03	3.81	13.45	11.53	10.56	9.60	8.57	7.02	6.35	5.47	36.73	24.69	14.90	11.21	8.96	6.40	4.89	3.76
	断面 7	12.03	8.02	4.81	3.65	12.74	10.92	10.01	9.10	8.12	6.65	6.02	5.18	35.03	23.54	14.21	10.70	8.54	6.10	4.67	3.59
	断面 8	11.50	7.66	4.60	3.48	12.07	10.34	9.48	8.62	7.69	6.30	5.70	4.91	33.40	22.45	13.55	10.20	8.15	5.82	4.45	3.42
	断面 9	10.99	7.33	4.40	3.33	11.43	9.80	8.98	8.17	7.29	5.97	5.40	4.65	31.85	21.41	12.93	9.73	7.77	5.55	4.24	3.26
	断面 10	10.50	7.00	4.20	3.18	10.83	9.28	8.51	7.74	6.90	5.65	5.12	4.40	30.38	20.42	12.33	9.28	7.41	5.29	4.05	3.11
	断面 11	10.04	6.69	4.02	3.04	10.26	8.80	8.06	7.33	6.54	5.36	4.85	4.17	28.97	19.47	11.75	8.85	7.07	5.05	3.86	2.97
	断面 12	9.59	6.40	3.84	2.91	9.72	8.33	7.64	6.94	6.20	5.07	4.59	3.95	27.63	18.57	11.21	8.44	6.74	4.81	3.68	2.83
	断面 13	9.17	6.11	3.67	2.78	9.21	7.89	7.24	6.58	5.87	4.81	4.35	3.75	26.35	17.71	10.69	8.05	6.43	4.59	3.51	2.70

续表

偷排流量/(m^3/s)		5				10								15							
应急流量/(m^3/s)		方案1	方案2	方案3	方案4	方案1	方案2	方案3	方案4	方案5	方案6	方案7	方案8	方案1	方案2	方案3	方案4	方案5	方案6	方案7	方案8
		600	900	1500	2000	100	600	900	1500	2000	2500	3500	4600	600	900	1500	2000	2500	3500	4600	6000
BOD峰值浓度/(mg/L)	断面 14	8.76	5.84	3.51	2.66	8.73	7.48	6.86	6.23	5.56	4.56	4.12	3.55	25.13	16.89	10.20	7.67	6.13	4.38	3.35	2.58
	断面 15	8.38	5.58	3.35	2.54	8.27	7.09	6.50	5.90	5.27	4.32	3.91	3.36	23.96	16.11	9.72	7.32	5.84	4.17	3.19	2.46
	断面 16	8.00	5.34	3.20	2.43	7.83	6.71	6.15	5.59	4.99	4.09	3.70	3.19	22.85	15.36	9.27	6.98	5.57	3.98	3.05	2.34
	断面 17	7.65	5.10	3.06	2.32	7.42	6.36	5.83	5.30	4.73	3.87	3.51	3.02	21.79	14.65	8.84	6.65	5.32	3.80	2.90	2.23
	断面 18	7.31	4.88	2.93	2.22	7.03	6.03	5.52	5.02	4.48	3.67	3.32	2.86	20.78	13.97	8.43	6.35	5.07	3.62	2.77	2.13
	断面 19	6.99	4.66	2.80	2.12	6.66	5.71	5.23	4.76	4.24	3.48	3.15	2.71	19.82	13.32	8.04	6.05	4.83	3.45	2.64	2.03
	断面 20	6.68	4.45	2.67	2.03	6.31	5.41	4.96	4.51	4.02	3.29	2.98	2.57	18.90	12.70	7.67	5.77	4.61	3.29	2.52	1.94
	断面 21	6.38	4.26	2.56	1.94	5.98	5.12	4.70	4.27	3.81	3.12	2.83	2.43	18.02	12.11	7.31	5.50	4.40	3.14	2.40	1.85
	断面 22	6.10	4.07	2.44	1.85	5.66	4.85	4.45	4.05	3.61	2.96	2.68	2.30	17.19	11.55	6.98	5.25	4.19	3.00	2.29	1.76
	断面 23	5.83	3.89	2.33	1.77	5.36	4.60	4.22	3.83	3.42	2.80	2.54	2.18	16.39	11.02	6.65	5.01	4.00	2.86	2.19	1.68
	断面 24	5.57	3.72	2.23	1.69	5.08	4.36	3.99	3.63	3.24	2.65	2.40	2.07	15.63	10.51	6.34	4.77	3.81	2.72	2.08	1.60
	断面 25	5.33	3.55	2.13	1.62	4.81	4.13	3.78	3.44	3.07	2.51	2.28	1.96	14.91	10.02	6.05	4.55	3.64	2.60	1.99	1.53
	断面 26	5.09	3.40	2.04	1.54	4.56	3.91	3.58	3.26	2.91	2.38	2.16	1.86	14.22	9.56	5.77	4.34	3.47	2.48	1.90	1.46
	断面 27	4.87	3.25	1.95	1.48	4.32	3.70	3.40	3.09	2.76	2.26	2.04	1.76	13.56	9.11	5.50	4.14	3.31	2.36	1.81	1.39

续表

偷排流量/(m³/s)		5				10								15							
应急流量/(m³/s)		方案1	方案2	方案3	方案4	方案1	方案2	方案3	方案4	方案5	方案6	方案7	方案8	方案1	方案2	方案3	方案4	方案5	方案6	方案7	方案8
		600	900	1500	2000	100	600	900	1500	2000	2500	3500	4600	600	900	1500	2000	2500	3500	4600	6000
BOD峰值浓度/(mg/L)	断面28	4.65	3.10	1.86	1.41	4.09	3.51	3.22	2.93	2.61	2.14	1.94	1.67	12.93	8.69	5.25	3.95	3.15	2.25	1.72	1.33
	断面29	4.45	2.97	1.78	1.35	3.88	3.33	3.05	2.77	2.47	2.03	1.83	1.58	12.33	8.29	5.00	3.77	3.01	2.15	1.64	1.27
	断面30	4.25	2.83	1.70	1.29	3.67	3.15	2.89	2.63	2.34	1.92	1.74	1.50	11.76	7.90	4.77	3.59	2.87	2.05	1.57	1.21
	断面31	4.06	2.71	1.63	1.23	3.48	2.98	2.74	2.49	2.22	1.82	1.65	1.42	11.21	7.54	4.55	3.43	2.74	1.96	1.50	1.15
	断面32	3.88	2.59	1.55	1.18	3.30	2.83	2.59	2.36	2.10	1.72	1.56	1.34	10.69	7.19	4.34	3.27	2.61	1.86	1.43	1.10
	断面33	3.71	2.47	1.49	1.13	3.13	2.68	2.46	2.23	1.99	1.63	1.48	1.27	10.20	6.86	4.14	3.12	2.49	1.78	1.36	1.05
	断面34	3.55	2.37	1.42	1.08	2.96	2.54	2.33	2.12	1.89	1.55	1.40	1.21	9.73	6.54	3.95	2.97	2.37	1.70	1.30	1.00
	断面35	3.39	2.26	1.36	1.03	2.81	2.40	2.20	2.00	1.79	1.47	1.33	1.14	9.27	6.23	3.76	2.83	2.26	1.62	1.24	0.95
	断面36	3.24	2.16	1.30	0.98	2.66	2.28	2.09	1.90	1.69	1.39	1.26	1.08	8.85	5.95	3.59	2.70	2.16	1.54	1.18	0.91
	断面37	3.10	2.07	1.24	0.94	2.52	2.16	1.98	1.80	1.61	1.32	1.19	1.02	8.44	5.67	3.42	2.58	2.06	1.47	1.13	0.87
	断面38	2.96	1.97	1.19	0.90	2.39	2.04	1.87	1.70	1.52	1.25	1.13	0.97	8.04	5.41	3.27	2.46	1.96	1.40	1.07	0.83
	断面39	2.83	1.89	1.13	0.86	2.26	1.94	1.78	1.61	1.44	1.18	1.07	0.92	7.67	5.16	3.11	2.34	1.87	1.34	1.02	0.79
	断面40	2.70	1.80	1.08	0.82	2.14	1.84	1.68	1.53	1.37	1.12	1.01	0.87	7.32	4.92	2.97	2.24	1.79	1.28	0.98	0.75

续表

偷排流量/(m^3/s)		20									25								
应急流量/(m^3/s)		方案 1	方案 2	方案 3	方案 4	方案 5	方案 6	方案 7	方案 8	方案 9	方案 1	方案 2	方案 3	方案 4	方案 5	方案 6	方案 7	方案 8	方案 9
		900	1500	2000	2500	3500	4600	6000	7500	8000	1530	1900	2500	3000	3320	4000	4780	5140	5790
BOD 峰值浓度/(mg/L)	断面 0	48.80	32.80	19.80	15.90	11.40	8.70	6.70	5.30	5.00	33.00	24.80	19.80	14.20	10.80	8.30	6.60	6.20	5.50
	断面 1	46.57	31.30	18.89	15.17	10.88	8.30	6.39	5.06	4.77	31.49	23.66	18.89	13.55	10.31	7.92	6.30	5.92	5.25
	断面 2	44.41	29.85	18.02	14.47	10.37	7.92	6.10	4.82	4.55	30.03	22.57	18.02	12.92	9.83	7.55	6.01	5.64	5.01
	断面 3	42.35	28.46	17.18	13.80	9.89	7.55	5.81	4.60	4.34	28.64	21.52	17.18	12.32	9.37	7.20	5.73	5.38	4.77
	断面 4	40.39	27.14	16.39	13.16	9.43	7.20	5.55	4.39	4.14	27.31	20.52	16.39	11.75	8.94	6.87	5.46	5.13	4.55
	断面 5	38.51	25.89	15.63	12.55	9.00	6.87	5.29	4.18	3.95	26.04	19.57	15.63	11.21	8.52	6.55	5.21	4.89	4.34
	断面 6	36.73	24.69	14.90	11.97	8.58	6.55	5.04	3.99	3.76	24.84	18.67	14.90	10.69	8.13	6.25	4.97	4.67	4.14
	断面 7	35.03	23.54	14.21	11.41	8.18	6.25	4.81	3.80	3.59	23.69	17.80	14.21	10.19	7.75	5.96	4.74	4.45	3.95
	断面 8	33.40	22.45	13.55	10.88	7.80	5.96	4.59	3.63	3.42	22.59	16.98	13.55	9.72	7.39	5.68	4.52	4.24	3.77
	断面 9	31.85	21.41	12.93	10.38	7.44	5.68	4.37	3.46	3.26	21.54	16.19	12.93	9.27	7.05	5.42	4.31	4.05	3.59
	断面 10	30.38	20.42	12.33	9.90	7.10	5.42	4.17	3.30	3.11	20.54	15.44	12.33	8.84	6.72	5.17	4.11	3.86	3.42
	断面 11	28.97	19.47	11.75	9.44	6.77	5.17	3.98	3.15	2.97	19.59	14.72	11.75	8.43	6.41	4.93	3.92	3.68	3.27
	断面 12	27.63	18.57	11.21	9.00	6.45	4.93	3.79	3.00	2.83	18.68	14.04	11.21	8.04	6.12	4.70	3.74	3.51	3.12
	断面 13	26.35	17.71	10.69	8.59	6.16	4.70	3.62	2.86	2.70	17.82	13.39	10.69	7.67	5.83	4.48	3.56	3.35	2.97

续表

偷排流量/(m³/s)		20									25								
应急流量/(m³/s)		方案1	方案2	方案3	方案4	方案5	方案6	方案7	方案8	方案9	方案1	方案2	方案3	方案4	方案5	方案6	方案7	方案8	方案9
		90C	1500	2000	2500	3500	4600	6000	7500	8000	1530	1900	2500	3000	3320	4000	4780	5140	5790
BOD峰值浓度/(mg/L)	断面14	25.13	16.89	10.20	8.19	5.87	4.48	3.45	2.73	2.58	16.99	12.77	10.20	7.31	5.56	4.27	3.40	3.19	2.83
	断面15	23.96	16.11	9.72	7.81	5.60	4.27	3.29	2.60	2.46	16.20	12.18	9.72	6.97	5.30	4.08	3.24	3.05	2.70
	断面16	22.85	15.36	9.27	7.45	5.34	4.08	3.14	2.48	2.34	15.45	11.61	9.27	6.65	5.06	3.89	3.09	2.90	2.58
	断面17	21.79	14.65	8.84	7.10	5.09	3.89	2.99	2.37	2.23	14.74	11.07	8.84	6.34	4.82	3.71	2.95	2.77	2.46
	断面18	20.78	13.97	8.43	6.77	4.86	3.71	2.85	2.26	2.13	14.05	10.56	8.43	6.05	4.60	3.54	2.81	2.64	2.34
	断面19	19.82	13.32	8.04	6.46	4.63	3.53	2.72	2.15	2.03	13.40	10.07	8.04	5.77	4.39	3.37	2.68	2.52	2.24
	断面20	18.90	12.70	7.67	6.16	4.42	3.37	2.60	2.05	1.94	12.78	9.61	7.67	5.50	4.18	3.22	2.56	2.40	2.13
	断面21	18.02	12.11	7.31	5.87	4.21	3.21	2.48	1.96	1.85	12.19	9.16	7.31	5.25	3.99	3.07	2.44	2.29	2.03
	断面22	17.19	11.55	6.98	5.60	4.02	3.07	2.36	1.87	1.76	11.62	8.74	6.98	5.00	3.81	2.93	2.33	2.19	1.94
	断面23	16.39	11.02	6.65	5.34	3.83	2.92	2.25	1.78	1.68	11.08	8.33	6.65	4.77	3.63	2.79	2.22	2.08	1.85
	断面24	15.63	10.51	6.34	5.09	3.65	2.79	2.15	1.70	1.60	10.57	7.95	6.34	4.55	3.46	2.66	2.12	1.99	1.76
	断面25	14.91	10.02	6.05	4.86	3.48	2.66	2.05	1.62	1.53	10.08	7.58	6.05	4.34	3.30	2.54	2.02	1.90	1.68
	断面26	14.22	9.56	5.77	4.63	3.32	2.54	1.95	1.55	1.46	9.61	7.23	5.77	4.14	3.15	2.42	1.92	1.81	1.60
	断面27	13.53	9.11	5.50	4.42	3.17	2.42	1.86	1.47	1.39	9.17	6.89	5.50	3.95	3.00	2.31	1.84	1.72	1.53

续表

偷排流量/(m³/s)		20									25								
应急流量/(m³/s)		方案 1	方案 2	方案 3	方案 4	方案 5	方案 6	方案 7	方案 8	方案 9	方案 1	方案 2	方案 3	方案 4	方案 5	方案 6	方案 7	方案 8	方案 9
		900	1500	2000	2500	3500	4600	6000	7500	8000	1530	1900	2500	3000	3320	4000	4780	5140	5790
BOD峰值浓度/(mg/L)	断面 28	12.93	8.69	5.25	4.21	3.02	2.31	1.78	1.41	1.33	8.74	6.57	5.25	3.76	2.86	2.20	1.75	1.64	1.46
	断面 29	12.33	8.29	5.00	4.02	2.88	2.20	1.70	1.34	1.27	8.34	6.27	5.00	3.59	2.73	2.10	1.67	1.57	1.39
	断面 30	11.76	7.90	4.77	3.83	2.75	2.10	1.62	1.28	1.21	7.95	5.98	4.77	3.42	2.60	2.00	1.59	1.50	1.33
	断面 31	11.21	7.54	4.55	3.66	2.62	2.00	1.54	1.22	1.15	7.58	5.70	4.55	3.26	2.48	1.91	1.52	1.43	1.27
	断面 32	10.69	7.19	4.34	3.49	2.50	1.91	1.47	1.16	1.10	7.23	5.44	4.34	3.11	2.37	1.82	1.45	1.36	1.21
	断面 33	10.20	6.86	4.14	3.32	2.38	1.82	1.40	1.11	1.05	6.90	5.18	4.14	2.97	2.26	1.74	1.38	1.30	1.15
	断面 34	9.73	6.54	3.95	3.17	2.27	1.74	1.34	1.06	1.00	6.58	4.94	3.95	2.83	2.15	1.66	1.32	1.24	1.10
	断面 35	9.27	6.23	3.76	3.02	2.17	1.66	1.28	1.01	0.95	6.27	4.71	3.76	2.70	2.05	1.58	1.26	1.18	1.05
	断面 36	8.85	5.95	3.59	2.88	2.07	1.58	1.22	0.96	0.91	5.98	4.50	3.59	2.58	1.96	1.51	1.20	1.13	1.00
	断面 37	8.44	5.67	3.42	2.75	1.97	1.51	1.16	0.92	0.87	5.71	4.29	3.42	2.46	1.87	1.44	1.14	1.07	0.95
	断面 38	8.04	5.41	3.27	2.62	1.88	1.44	1.11	0.88	0.83	5.44	4.09	3.27	2.34	1.78	1.37	1.09	1.02	0.91
	断面 39	7.67	5.16	3.11	2.50	1.79	1.37	1.06	0.84	0.79	5.19	3.90	3.11	2.23	1.70	1.31	1.04	0.98	0.87
	断面 40	7.32	4.92	2.97	2.39	1.71	1.31	1.01	0.80	0.75	4.95	3.72	2.97	2.13	1.62	1.25	0.99	0.93	0.83

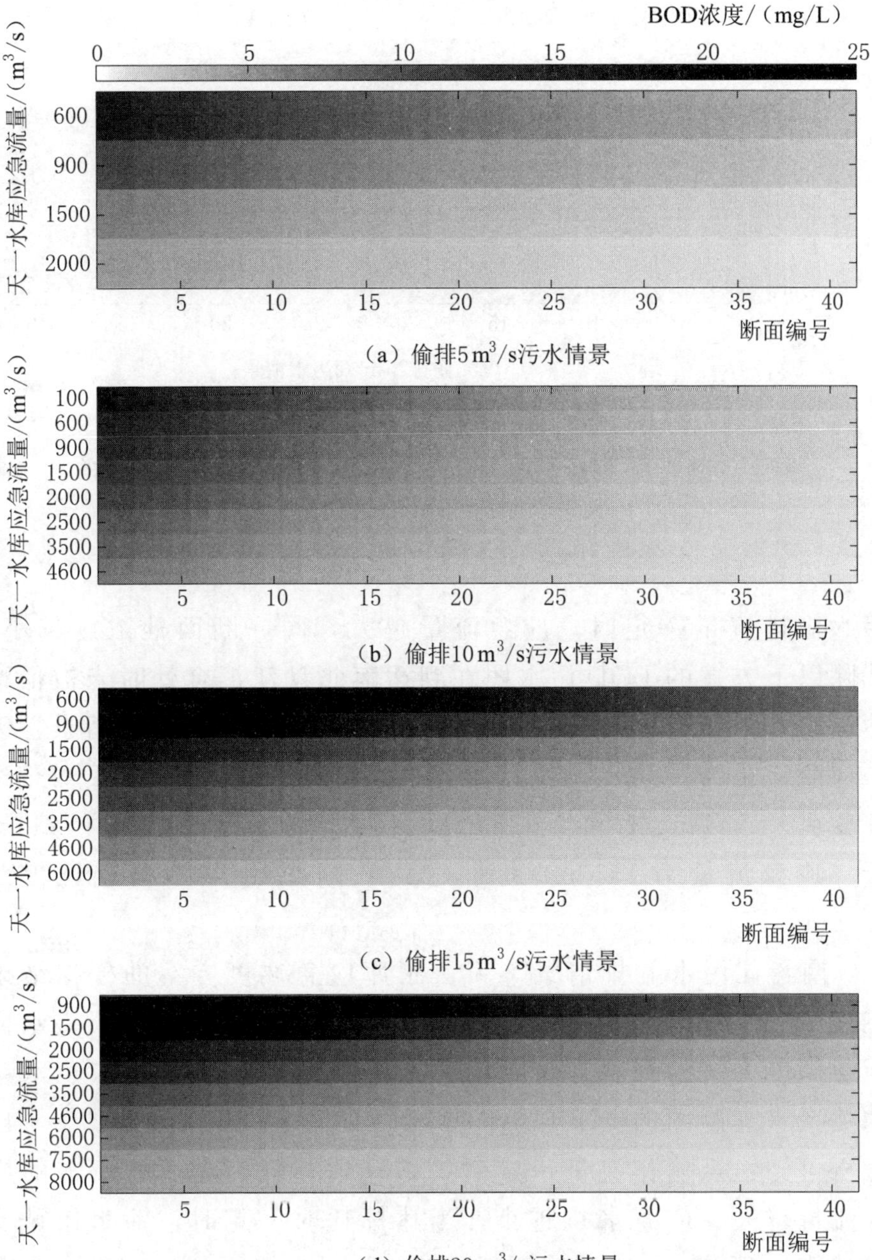

BOD浓度/（mg/L）

0　5　10　15　20　25

天一水库应急流量/（m^3/s）

600
900
1500
2000

5　10　15　20　25　30　35　40

断面编号

（a）偷排5 m^3/s污水情景

天一水库应急流量/（m^3/s）

100
600
900
1500
2000
2500
3500
4600

5　10　15　20　25　30　35　40

断面编号

（b）偷排10 m^3/s污水情景

天一水库应急流量/（m^3/s）

600
900
1500
2000
2500
3500
4600
6000

5　10　15　20　25　30　35　40

断面编号

（c）偷排15 m^3/s污水情景

天一水库应急流量/（m^3/s）

900
1500
2000
2500
3500
4600
6000
7500
8000

5　10　15　20　25　30　35　40

断面编号

（d）偷排20 m^3/s污水情景

图 3-3（一）　南盘江污水偷排情景天一水库不同应急流量的河道各断面的 BOD 峰值浓度

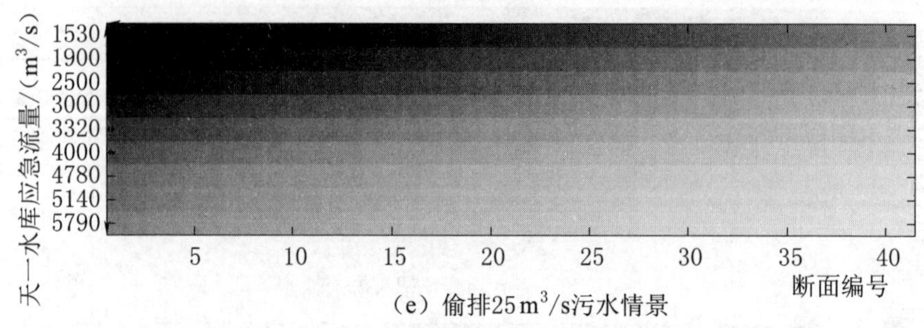

(e) 偷排25m³/s污水情景

图 3-3(二) 南盘江污水偷排情景天一水库不同应急流量的河道各断面的 BOD 峰值浓度

污水偷排流量一定时，应急流量越大，同一断面处浓度越小；②除以下方案的 BOD 污水团在到达南北盘江汇合处时未被稀释达标之外，其他方案均达标：污水偷排流量为 20m³/s 情景，天一应急流量为 900m³/s 和 1500m³/s 时，第 40 断面的 BOD 峰值浓度分别为 7.32mg/L 和 4.92mg/L；污水偷排流量为 25m³/s 情景，天一应急流量为 1530m³/s 时，第 40 断面的 BOD 峰值浓度为 4.95mg/L。

南盘江污水偷排情景下天一水库应急调度方案的模拟结果见表 3-2。依据表 3-2，绘制南盘江污水偷排情景的天一水库应急调度方案的稀释达标耗时与最小应急流量和最小应急水量的关系（其制图的 MATLAB 源代码见附录 A.3），见图 3-4。分析可知：当偷排流量一定时，稀释达标耗时越小，所需的应急流量越大、应急水量越小；当达标耗时一定时，污水偷排流量越大，所需的应急流量和应急水量越大。该规律与辛小康（2011）、丁洪亮（2014）和方神光（2020）等的研究结论一致。

表 3-2　　南盘江污水偷排情景的天一水库应急调度方案的模拟结果统计

偷排流量/(m^3/s)		5			10			15			20			25		
应急流量/(m^3/s)	河段平均流速/(m/s)	耗时/h	距离/km	水量/亿 m^3	耗时/h	距离/km	水量/亿 m^3	耗时/h	距离/km	水量/亿 m^3	耗时/h	距离/km	水量/亿 m^3	耗时/h	距离/km	水量/亿 m^3
100	0.50	下边界断面未达标			下边界断面未达标			下边界断面未达标			下边界断面未达标			下边界断面未达标		
600	0.65	54.7	128	1.18												
900	0.73	35.0	92	1.13	57.8	152	2.02									
1500	0.81	16.5	48	0.89	34.3	100	1.85	46.6	136	2.52						
2000	1.01	5.5	20	0.40	22.0	80	1.58	32.5	112	2.34	37.4	136	2.69	42.9	156	3.09
2500	1.17	—	—	—	14.2	60	1.28	21.7	92	1.95	28.5	120	2.56	32.3	136	2.91
3500	1.51	—	—	—	5.9	32	0.74	12.4	64	1.56	16.9	92	2.13	19.9	108	2.50
4600	1.96	—	—	—	1.1	8	0.19	5.6	44	0.93	9.6	68	1.60	11.9	84	1.97
6000	2.27	—	—	—	—	—	—	2.4	20	0.53	5.4	44	1.16	7.8	64	1.69
7500	2.58	—	—	—	—	—	—	—	—	—	2.6	24	0.70	4.7	44	1.28
8000	2.72	—	—	—	—	—	—	—	—	—	2.0	20	0.59	4.1	40	1.18
9000	3.01	—	—	—	—	—	—	—	—	—	—	—	—	2.6	28	0.84
10000	3.28	—	—	—	—	—	—	—	—	—	—	—	—	1.4	16	0.49

注　1. 距离表示浓度达标断面与断面 0 之间的距离。

2. 应急调度期内天一历史（实际）出库平均流量为 $100m^3/s$。

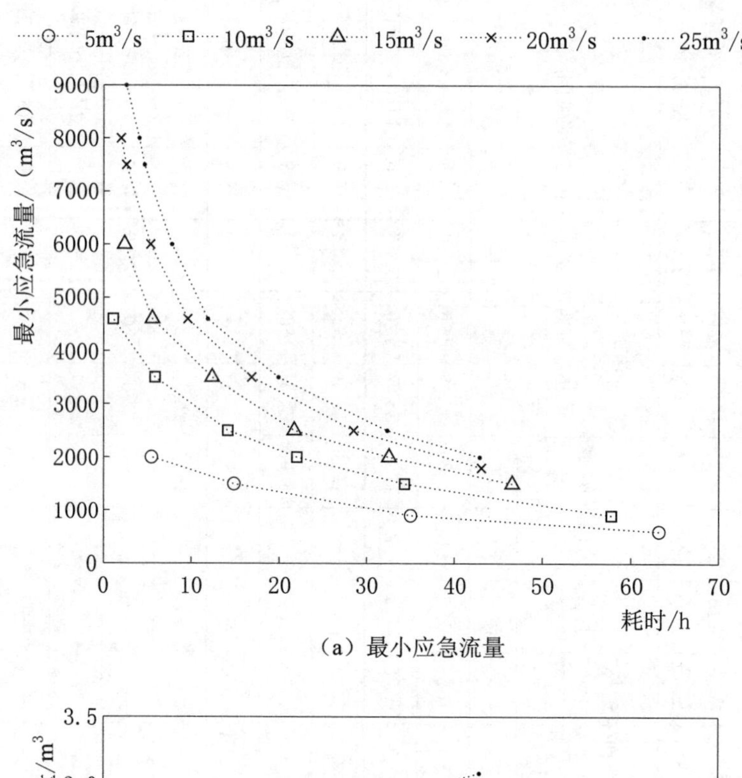

（a）最小应急流量

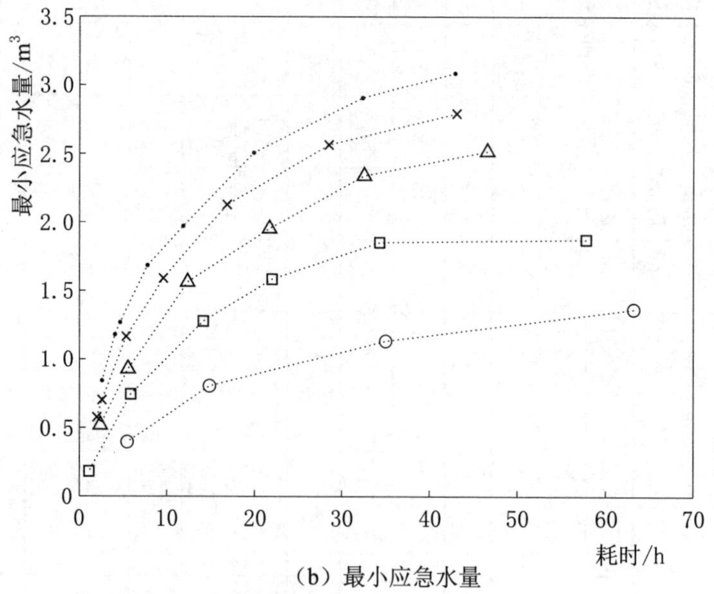

（b）最小应急水量

图 3-4　南盘江污水偷排情景的天一水库应急调度方案的稀释达标耗时与最小应急流量和最小应急水量的关系

3.4　红水河突发水污染的龙滩水库应急调度

模拟河道为龙滩水库至岩滩水库之间的红水河河段，该河段长约160km，被等间距划分为40段，见图3-5。假设2017年1月30日19：00（此时天峨县县城为用水高峰期内，废污水排放量较大）县内污水厂除污设备突发故障，导致废污水（排放流量分别假设为5.0m^3/s、10.0m^3/s、15.0m^3/s、20.0m^3/s、25.0m^3/s）未经处理直接排放到距离龙滩水库大坝下游12km处（以下简称为“事故地点”）的红水河河段；1月30日22：00，天峨水文站监测断面，发现BOD浓度急剧上升，紧急上报上级部门；1月30日24：00，龙滩水库开始应急调度。

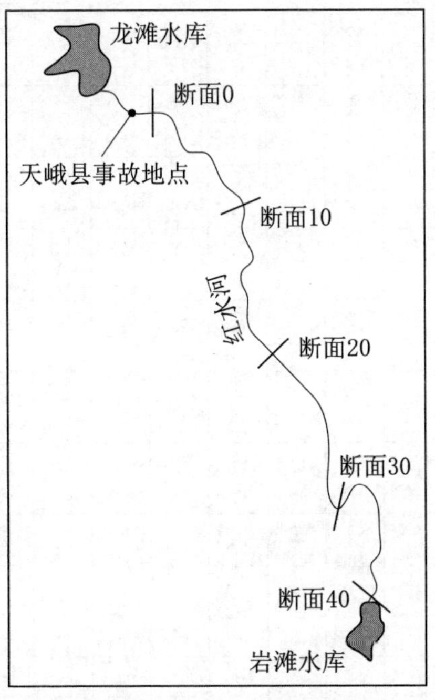

图3-5　红水河突发水污染事件模拟河段概化图

经计算，红水河污水偷排情景的龙滩水库应急调度方案的河道各断面的BOD峰值浓度，见表3-3。

表 3－3　红水河污水偷排情景的龙滩水库应急调度方案的河道各断面的 BOD 峰值浓度

偷排流量/(m^3/s)		5			10						15								
应急流量/(m^3/s)		方案 1	方案 2	方案 3	方案 1	方案 2	方案 3	方案 4	方案 5	方案 6	方案 1	方案 2	方案 3	方案 4	方案 5	方案 6	方案 7	方案 8	方案 9
		1530	1900	2100	1530	1900	2500	3000	3320	4000	1530	1900	2500	3000	3320	4000	4870	5140	5790
BOD 峰值浓度/(mg/L)	断面 0	6.50	5.30	4.80	13.10	10.50	8.00	6.70	6.00	5.00	19.60	15.80	12.00	10.00	9.00	7.50	6.16	5.80	5.20
	断面 1	6.20	5.06	4.58	12.50	10.02	7.63	6.39	5.72	4.77	18.71	15.08	11.45	9.54	8.58	7.15	5.88	5.53	4.96
	断面 2	5.91	4.82	4.37	11.92	9.55	7.28	6.10	5.46	4.55	17.83	14.37	10.92	9.10	8.19	6.82	5.60	5.28	4.73
	断面 3	5.64	4.60	4.17	11.37	9.11	6.94	5.81	5.21	4.34	17.01	13.71	10.41	8.68	7.81	6.51	5.35	5.03	4.51
	断面 4	5.38	4.39	3.97	10.84	8.69	6.62	5.55	4.97	4.14	16.22	13.08	9.93	8.28	7.45	6.21	5.10	4.80	4.30
	断面 5	5.13	4.19	3.79	10.34	8.29	6.32	5.29	4.74	3.95	15.47	12.47	9.47	7.90	7.11	5.92	4.86	4.58	4.11
	断面 6	4.90	3.99	3.62	9.87	7.91	6.03	5.05	4.52	3.77	14.76	11.90	9.04	7.53	6.78	5.65	4.64	4.37	3.92
	断面 7	4.67	3.81	3.45	9.41	7.54	5.75	4.81	4.31	3.59	14.08	11.35	8.62	7.18	6.47	5.39	4.43	4.17	3.74
	断面 8	4.45	3.63	3.29	8.98	7.19	5.48	4.59	4.11	3.43	13.43	10.83	8.22	6.85	6.17	5.14	4.22	3.97	3.56
	断面 9	4.25	3.46	3.14	8.56	6.86	5.23	4.38	3.92	3.27	12.81	10.33	7.84	6.54	5.88	4.90	4.03	3.79	3.40
	断面 10	4.05	3.30	2.99	8.17	6.55	4.99	4.18	3.74	3.12	12.22	9.85	7.48	6.23	5.61	4.68	3.84	3.62	3.24
	断面 11	3.87	3.15	2.86	7.79	6.24	4.76	3.98	3.57	2.97	11.65	9.39	7.14	5.95	5.35	4.46	3.66	3.45	3.09
	断面 12	3.69	3.01	2.72	7.43	5.96	4.54	3.80	3.40	2.84	11.12	8.96	6.81	5.67	5.11	4.25	3.49	3.29	2.95

续表

偷排流量/(m³/s)		5			10						15								
应急流量/(m³/s)		方案 1	方案 2	方案 3	方案 1	方案 2	方案 3	方案 4	方案 5	方案 6	方案 1	方案 2	方案 3	方案 4	方案 5	方案 6	方案 7	方案 8	方案 9
		1530	1900	2100	1530	1900	2500	3000	3320	4000	1530	1900	2500	3000	3320	4000	4870	5140	5790
BOD 峰值浓度/(mg/L)	断面 13	3.52	2.87	2.60	7.09	5.68	4.33	3.63	3.25	2.71	10.60	8.55	6.49	5.41	4.87	4.06	3.33	3.14	2.81
	断面 14	3.36	2.74	2.48	6.76	5.42	4.13	3.46	3.10	2.58	10.11	8.15	6.19	5.16	4.65	3.87	3.18	2.99	2.68
	断面 15	3.20	2.61	2.36	6.45	5.17	3.94	3.30	2.95	2.46	9.65	7.78	5.91	4.92	4.43	3.69	3.03	2.86	2.56
	断面 16	3.05	2.49	2.25	6.15	4.93	3.76	3.15	2.82	2.35	9.20	7.42	5.63	4.70	4.23	3.52	2.89	2.72	2.44
	断面 17	2.91	2.37	2.15	5.87	4.70	3.58	3.00	2.69	2.24	8.78	7.08	5.37	4.48	4.03	3.36	2.76	2.60	2.33
	断面 18	2.78	2.27	2.05	5.60	4.49	3.42	2.86	2.56	2.14	8.37	6.75	5.13	4.27	3.85	3.20	2.63	2.48	2.22
	断面 19	2.65	2.16	1.96	5.34	4.28	3.26	2.73	2.45	2.04	7.99	6.44	4.89	4.08	3.67	3.06	2.51	2.36	2.12
	断面 20	2.53	2.06	1.87	5.09	4.08	3.11	2.61	2.33	1.94	7.62	6.14	4.66	3.89	3.50	2.92	2.40	2.26	2.02
	断面 21	2.41	1.97	1.78	4.86	3.89	2.97	2.49	2.23	1.86	7.27	5.86	4.45	3.71	3.34	2.78	2.28	2.15	1.93
	断面 22	2.30	1.88	1.70	4.63	3.71	2.83	2.37	2.12	1.77	6.93	5.59	4.24	3.54	3.18	2.65	2.18	2.05	1.84
	断面 23	2.19	1.79	1.62	4.42	3.54	2.70	2.26	2.03	1.69	6.61	5.33	4.05	3.37	3.04	2.53	2.08	1.96	1.76
	断面 24	2.09	1.71	1.55	4.22	3.38	2.57	2.16	1.93	1.61	6.31	5.08	3.86	3.22	2.90	2.41	1.98	1.87	1.67
	断面 25	2.00	1.63	1.47	4.02	3.22	2.46	2.06	1.84	1.54	6.01	4.85	3.68	3.07	2.76	2.30	1.89	1.78	1.60

续表

偷排流量/(m³/s)		5			10						15								
应急流量/(m³/s)		方案 1	方案 2	方案 3	方案 1	方案 2	方案 3	方案 4	方案 5	方案 6	方案 1	方案 2	方案 3	方案 4	方案 5	方案 6	方案 7	方案 8	方案 9
		1530	1900	2100	1530	1900	2500	3000	3320	4000	1530	1900	2500	3000	3320	4000	4870	5140	5790
BOD 峰值浓度/(mg/L)	断面 26	1.90	1.55	1.41	3.84	3.07	2.34	1.96	1.76	1.47	5.74	4.63	3.51	2.93	2.64	2.20	1.80	1.70	1.52
	断面 27	1.82	1.48	1.34	3.66	2.93	2.23	1.87	1.68	1.40	5.47	4.41	3.35	2.79	2.51	2.10	1.72	1.62	1.45
	断面 28	1.73	1.41	1.28	3.49	2.80	2.13	1.79	1.60	1.33	5.22	4.21	3.20	2.66	2.40	2.00	1.64	1.55	1.39
	断面 29	1.65	1.35	1.22	3.33	2.67	2.03	1.70	1.53	1.27	4.98	4.01	3.05	2.54	2.29	1.91	1.57	1.48	1.32
	断面 30	1.58	1.29	1.16	3.18	2.55	1.94	1.63	1.46	1.21	4.75	3.83	2.91	2.42	2.18	1.82	1.49	1.41	1.26
	断面 31	1.50	1.23	1.11	3.03	2.43	1.85	1.55	1.39	1.16	4.53	3.65	2.77	2.31	2.08	1.73	1.43	1.34	1.20
	断面 32	1.43	1.17	1.06	2.89	2.32	1.77	1.48	1.32	1.10	4.32	3.48	2.65	2.21	1.99	1.66	1.36	1.28	1.15
	断面 33	1.37	1.12	1.01	2.76	2.21	1.68	1.41	1.26	1.05	4.12	3.32	2.52	2.10	1.89	1.58	1.30	1.22	1.10
	断面 34	1.31	1.07	0.96	2.63	2.11	1.61	1.35	1.21	1.00	3.93	3.17	2.41	2.01	1.81	1.51	1.24	1.17	1.04
	断面 35	1.25	1.02	0.92	2.51	2.01	1.53	1.28	1.15	0.96	3.75	3.02	2.30	1.91	1.72	1.44	1.18	1.11	1.00
	断面 36	1.19	0.97	0.88	2.39	1.92	1.46	1.22	1.10	0.91	3.58	2.88	2.19	1.83	1.64	1.37	1.13	1.06	0.95
	断面 37	1.13	0.92	0.84	2.28	1.83	1.39	1.17	1.05	0.87	3.41	2.75	2.09	1.74	1.57	1.31	1.07	1.01	0.91
	断面 38	1.08	0.88	0.80	2.18	1.74	1.33	1.11	1.00	0.83	3.25	2.62	1.99	1.66	1.50	1.25	1.02	0.97	0.87
	断面 39	1.03	0.84	0.76	2.08	1.66	1.27	1.06	0.95	0.79	3.10	2.50	1.90	1.59	1.43	1.19	0.98	0.92	0.83
	断面 40	0.98	0.80	0.73	1.98	1.59	1.21	1.01	0.91	0.76	2.96	2.39	1.81	1.51	1.36	1.13	0.93	0.88	0.79

续表

偷排流量/(m^3/s)	20								
	方案1	方案2	方案3	方案4	方案5	方案6	方案7	方案8	方案9
应急流量/(m^3/s)	4000	4879	5410	5430	5790	6550	7250	8400	9000
BOD峰值浓度/(mg/L) 断面0	19.00	15.60	14.30	13.00	11.60	9.50	8.60	7.40	5.62
断面1	17.65	15.00	13.75	12.50	11.15	9.13	8.27	7.11	5.40
断面2	16.69	14.31	13.11	11.92	10.64	8.71	7.89	6.79	5.15
断面3	15.81	13.55	12.42	11.30	10.08	8.25	7.47	6.43	4.88
断面4	14.98	12.84	11.77	10.70	9.55	7.82	7.08	6.09	4.63
断面5	14.19	12.17	11.15	10.14	9.05	7.41	6.71	5.77	4.38
断面6	13.45	11.53	10.56	9.60	8.57	7.02	6.35	5.47	4.15
断面7	12.74	10.92	10.01	9.10	8.12	6.65	6.02	5.18	3.93
断面8	12.07	10.34	9.48	8.62	7.69	6.30	5.70	4.91	3.73
断面9	11.43	9.80	8.98	8.17	7.29	5.97	5.40	4.65	3.53
断面10	10.83	9.28	8.51	7.74	6.90	5.65	5.12	4.40	3.35
断面11	10.26	8.80	8.06	7.33	6.54	5.36	4.85	4.17	3.17
断面12	9.72	8.33	7.64	6.94	6.20	5.07	4.59	3.95	3.00

偷排流量/(m^3/s)	25								
	方案1	方案2	方案3	方案4	方案5	方案6	方案7	方案8	方案9
应急流量/(m^3/s)	4870	5410	5430	5790	6550	7250	8400	9000	10500
BOD峰值浓度/(mg/L) 断面0	22.80	19.00	17.25	15.50	12.70	9.30	8.00	7.50	4.70
断面1	22.77	18.26	16.58	14.90	12.21	8.94	7.69	7.21	4.51
断面2	21.75	17.43	15.82	14.22	11.65	8.53	7.34	6.88	4.32
断面3	20.65	16.51	14.99	13.47	11.03	8.08	6.95	6.52	4.14
断面4	19.61	15.64	14.20	12.76	10.45	7.66	6.59	6.17	3.97
断面5	18.62	14.82	13.45	12.09	9.90	7.25	6.24	5.85	3.80
断面6	17.68	14.04	12.74	11.45	9.38	6.87	5.91	5.54	3.65
断面7	16.79	13.30	12.07	10.85	8.89	6.51	5.60	5.25	3.50
断面8	15.95	12.60	11.44	10.28	8.42	6.17	5.31	4.97	3.35
断面9	15.15	11.94	10.84	9.74	7.98	5.84	5.03	4.71	3.21
断面10	14.39	11.31	10.27	9.22	7.56	5.54	4.76	4.46	3.08
断面11	13.66	10.71	9.73	8.74	7.16	5.24	4.51	4.23	2.95
断面12	12.98	10.15	9.21	8.28	6.78	4.97	4.27	4.01	2.83

续表

偷排流量/(m³/s)		20									25								
应急流量/(m³/s)		方案1	方案2	方案3	方案4	方案5	方案6	方案7	方案8	方案9	方案1	方案2	方案3	方案4	方案5	方案6	方案7	方案8	方案9
		4000	4879	5410	5430	5790	6550	7250	8400	9000	4870	5410	5430	5790	6550	7250	8400	9000	10500
BOD峰值浓度/(mg/L)	断面13	9.21	7.89	7.24	6.58	5.87	4.81	4.35	3.75	2.84	12.33	9.61	8.73	7.84	6.43	4.71	4.05	3.80	2.71
	断面14	8.73	7.48	6.86	6.23	5.56	4.56	4.12	3.55	2.70	11.71	9.11	8.27	7.43	6.09	4.46	3.84	3.60	2.60
	断面15	8.27	7.09	6.50	5.90	5.27	4.32	3.91	3.36	2.55	11.12	8.63	7.83	7.04	5.77	4.22	3.63	3.41	2.49
	断面16	7.83	6.71	6.15	5.59	4.99	4.09	3.70	3.19	2.42	10.56	8.18	7.42	6.67	5.47	4.00	3.44	3.23	2.39
	断面17	7.42	6.36	5.83	5.30	4.73	3.87	3.51	3.02	2.29	10.03	7.75	7.03	6.32	5.18	3.79	3.26	3.06	2.29
	断面18	7.03	6.03	5.52	5.02	4.48	3.67	3.32	2.86	2.17	9.53	7.34	6.66	5.99	4.91	3.59	3.09	2.90	2.19
	断面19	6.66	5.71	5.23	4.76	4.24	3.48	3.15	2.71	2.06	9.05	6.95	6.31	5.67	4.65	3.40	2.93	2.75	2.10
	断面20	6.31	5.41	4.96	4.51	4.02	3.29	2.98	2.57	1.95	8.60	6.59	5.98	5.37	4.40	3.22	2.77	2.60	2.02
	断面21	5.98	5.12	4.70	4.27	3.81	3.12	2.83	2.43	1.85	8.17	6.24	5.66	5.09	4.17	3.05	2.63	2.46	1.93
	断面22	5.66	4.85	4.45	4.05	3.61	2.96	2.68	2.30	1.75	7.76	5.91	5.37	4.82	3.95	2.89	2.49	2.33	1.85
	断面23	5.36	4.60	4.22	3.83	3.42	2.80	2.54	2.18	1.66	7.37	5.60	5.08	4.57	3.74	2.74	2.36	2.21	1.77
	断面24	5.08	4.36	3.99	3.63	3.24	2.65	2.40	2.07	1.57	7.01	5.31	4.82	4.33	3.55	2.60	2.23	2.10	1.70
	断面25	4.81	4.13	3.78	3.44	3.07	2.51	2.28	1.96	1.49	6.66	5.03	4.56	4.10	3.36	2.46	2.12	1.99	1.63

续表

偷排流量/(m³/s)		20									25								
应急流量/(m³/s)		方案 1	方案 2	方案 3	方案 4	方案 5	方案 6	方案 7	方案 8	方案 9	方案 1	方案 2	方案 3	方案 4	方案 5	方案 6	方案 7	方案 8	方案 9
		4000	4879	5410	5430	5790	6550	7250	8400	9000	4870	5410	5430	5790	6550	7250	8400	9000	10500
BOD 峰值浓度/(mg/L)	断面 26	4.56	3.91	3.58	3.26	2.91	2.38	2.16	1.86	1.41	6.32	4.76	4.32	3.89	3.18	2.33	2.01	1.88	1.56
	断面 27	4.32	3.70	3.40	3.09	2.76	2.26	2.04	1.76	1.34	6.01	4.51	4.10	3.68	3.02	2.21	1.90	1.78	1.50
	断面 28	4.09	3.51	3.22	2.93	2.61	2.14	1.94	1.67	1.27	5.71	4.27	3.88	3.49	2.86	2.09	1.80	1.69	1.44
	断面 29	3.88	3.33	3.05	2.77	2.47	2.03	1.83	1.58	1.20	5.50	4.05	3.68	3.30	2.71	1.98	1.71	1.60	1.38
	断面 30	3.67	3.15	2.89	2.63	2.34	1.92	1.74	1.50	1.14	5.30	3.84	3.48	3.13	2.56	1.88	1.62	1.52	1.32
	断面 31	3.48	2.98	2.74	2.49	2.22	1.82	1.65	1.42	1.08	5.10	3.63	3.30	2.97	2.43	1.78	1.53	1.44	1.26
	断面 32	3.30	2.83	2.59	2.36	2.10	1.72	1.56	1.34	1.02	4.92	3.44	3.13	2.81	2.30	1.69	1.45	1.36	1.21
	断面 33	3.13	2.68	2.46	2.23	1.99	1.63	1.48	1.27	0.97	4.75	3.26	2.96	2.66	2.18	1.60	1.37	1.29	1.16
	断面 34	2.96	2.54	2.33	2.12	1.89	1.55	1.40	1.21	0.92	4.59	3.09	2.81	2.52	2.07	1.51	1.30	1.22	1.11
	断面 35	2.81	2.40	2.20	2.00	1.79	1.47	1.33	1.14	0.87	4.43	2.93	2.66	2.39	1.96	1.43	1.23	1.16	1.07
	断面 36	2.66	2.28	2.09	1.90	1.69	1.39	1.26	1.08	0.82	4.29	2.77	2.52	2.26	1.86	1.36	1.17	1.10	1.02
	断面 37	2.52	2.16	1.98	1.80	1.61	1.32	1.19	1.02	0.78	4.07	2.63	2.39	2.14	1.76	1.29	1.11	1.04	0.98
	断面 38	2.39	2.04	1.87	1.70	1.52	1.25	1.13	0.97	0.74	3.89	2.49	2.26	2.03	1.67	1.22	1.05	0.98	0.94
	断面 39	2.26	1.94	1.78	1.61	1.44	1.18	1.07	0.92	0.70	3.72	2.36	2.14	1.93	1.58	1.16	0.99	0.93	0.90
	断面 40	2.14	1.84	1.68	1.53	1.37	1.12	1.01	0.87	0.66	3.54	2.24	2.03	1.82	1.49	1.10	0.94	0.88	0.86

依据该表，绘制红水河污水偷排情景的龙滩水库应急调度方案的河道断面的BOD峰值浓度图，见图3-6，可知：①沿程各断面浓度均逐渐减小；污水偷排流量一定时，应急流量越大，同一断面处浓度越小。②不同情景的不同应急调度方案下，BOD污水团在进入岩滩水库之前均能达标。如污水偷排流量为$25m^3/s$情景，龙滩应急流量为$4870m^3/s$时，第38断面的BOD峰值浓度为3.89mg/L，后面断面的浓度更低。

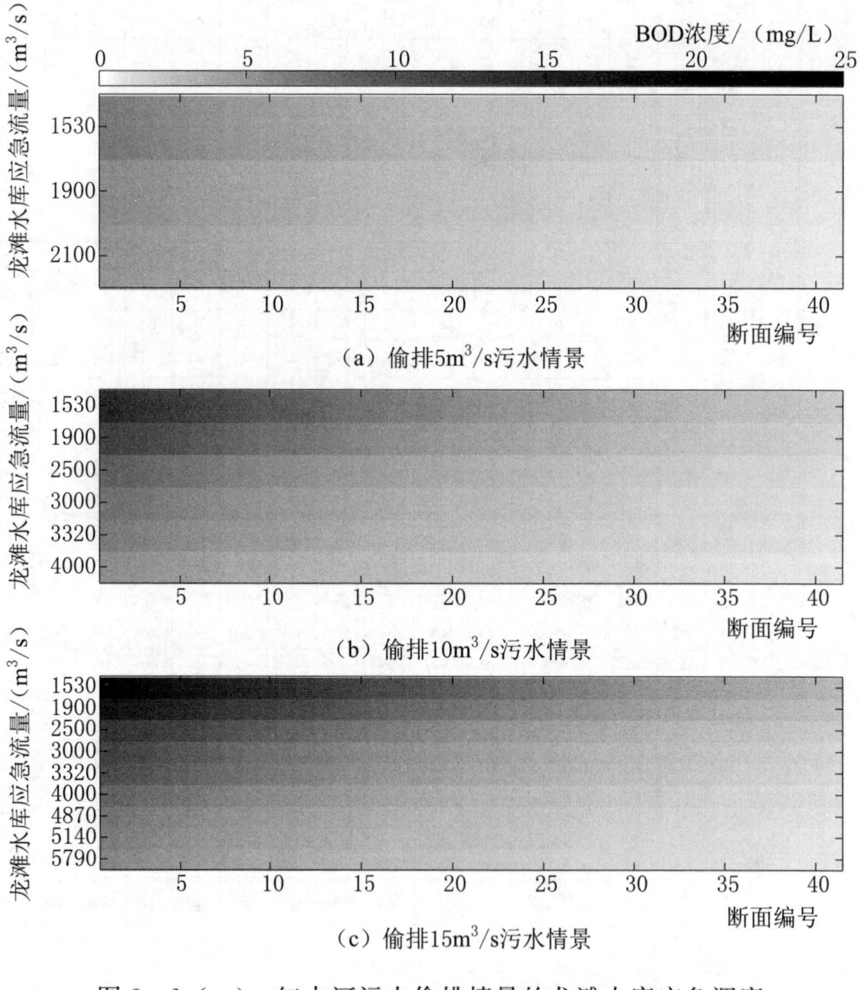

(a) 偷排$5m^3/s$污水情景

(b) 偷排$10m^3/s$污水情景

(c) 偷排$15m^3/s$污水情景

图3-6（一）　红水河污水偷排情景的龙滩水库应急调度方案的河道断面的BOD峰值浓度

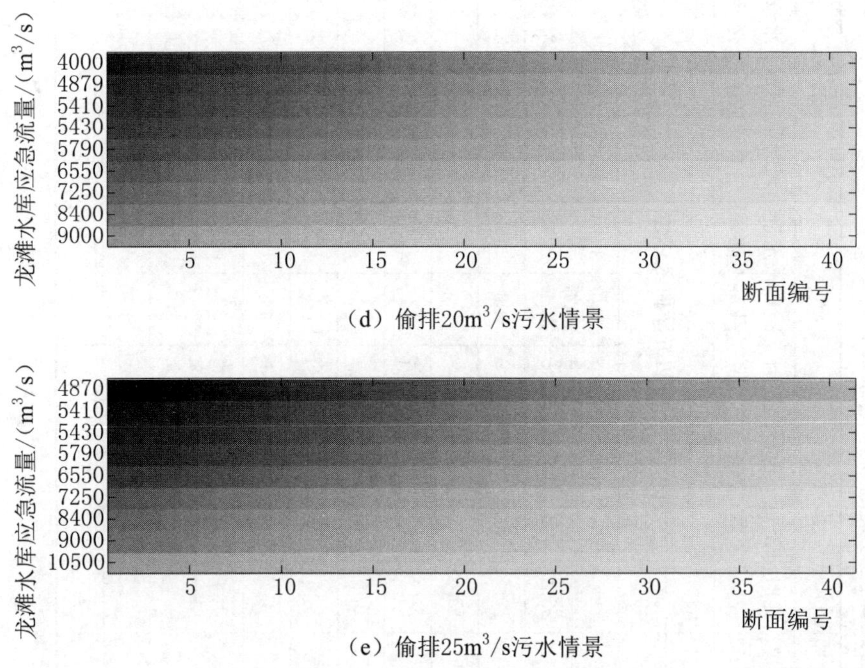

（d）偷排20m³/s污水情景

（e）偷排25m³/s污水情景

图 3-6（二） 红水河污水偷排情景的龙滩水库应急调度方案的河道断面的 BOD 峰值浓度

红水河污水偷排情景的龙滩水库应急调度方案的模拟结果统计，见表 3-4。依据表 3-4，绘制红水河各污水偷排情景的龙滩水库应急调度方案的稀释达标耗时与应急流量和应急水量的关系，见图 3-7。分析可知：当偷排流量一定时，稀释达标耗时越小，所需的应急流量越大、应急水量越小；当稀释达标耗时一定时，污水偷排流量越大，所需的应急流量和应急水量越大。

综上所述，南盘江污水偷排情景的天一水库应急水量为 0.19 亿～3.09 亿 m^3，远小于调度期初天一水库的调节库容（57.96 亿 m^3）；红水河污水偷排情景的龙滩水库应急水量为 0.37 亿～3.40 亿 m^3，远小于调度期初龙滩水库的调节库容（111.50 亿 m^3）；故各方案均为可行。

表 3-4　红水河污水偷排情景的龙滩水库应急调度方案的模拟结果统计

偷排流量/(m^3/s)		5			10			15			20			25		
应急流量/(m^3/s)	河段平均流速/(m/s)	耗时/h	距离/km	水量/亿 m^3	耗时/h	距离/km	水量/亿 m^3	耗时/h	距离/km	水量/亿 m^3	耗时/h	距离/km	水量/亿 m^3	耗时/h	距离/km	水量/亿 m^3
1530	0.69	17.7	44	0.98	41.9	104	2.31	54.8	136	3.02	下边界断面未达标			下边界断面未达标		
1900	0.83	8.0	24	0.55	28.1	84	1.92	40.2	120	2.56						
2100	0.91	4.9	16	0.37	—	—	—	—	—	—	42.7	140	3.23			
2500	1.06	—	—	—	15.7	60	1.42	25.2	96	2.26	32.5	124	2.92	37.7	144	3.40
3000	1.25	—	—	—	9.8	44	1.06	17.8	80	1.92	24.0	108	2.59	28.4	128	3.07
3320	1.32	—	—	—	7.6	36	0.91	15.2	72	1.81	—	—	—	—	—	—
4000	1.55	—	—	—	3.6	20	0.52	10.0	56	1.32	15.1	84	2.17	18.6	104	2.68
4870	1.89	—	—	—	1.2	8	0.21	5.9	40	1.03	—	—	—	—	—	—
5430	2.04	—	—	—	—	—	—	4.5	32	0.84	7.6	56	1.49	10.3	76	2.02
6550	2.30	—	—	—	—	—	—	3.1	24	0.65	5.3	44	1.25	7.2	60	1.71
7250	2.47	—	—	—	—	—	—	1.4	12	0.34	3.6	32	0.94	5.8	52	1.53
8400	2.72	—	—	—	—	—	—	—	—	—	2.0	20	0.62	4.1	40	1.24
9000	2.84	—	—	—	—	—	—	—	—	—	1.2	12	0.38	3.1	32	1.01
10500	3.02	—	—	—	—	—	—	—	—	—	—	—	—	1.5	16	0.56

注　1. 距离表示浓度达标断面与断面 0 之间的距离。

2. 应急调度期内龙滩实测出库流量的平均值为 1530m^3/s。

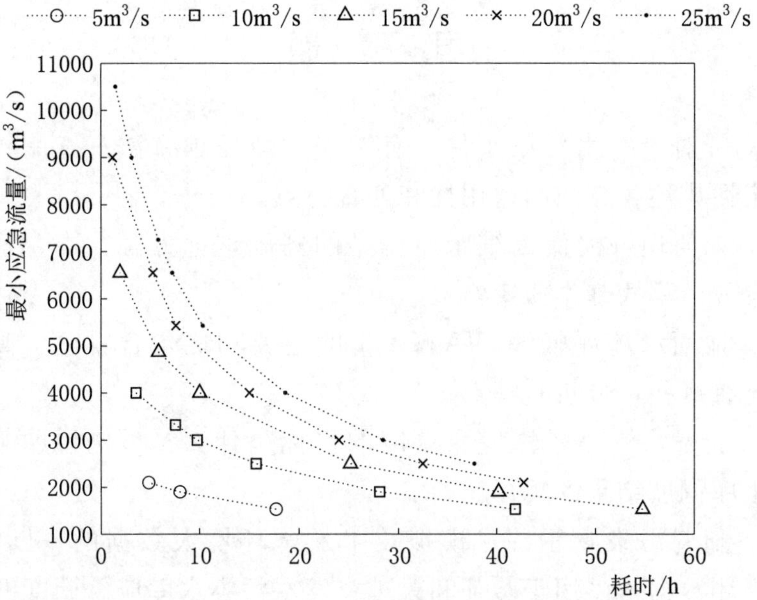

（a）耗时与最小应急流量

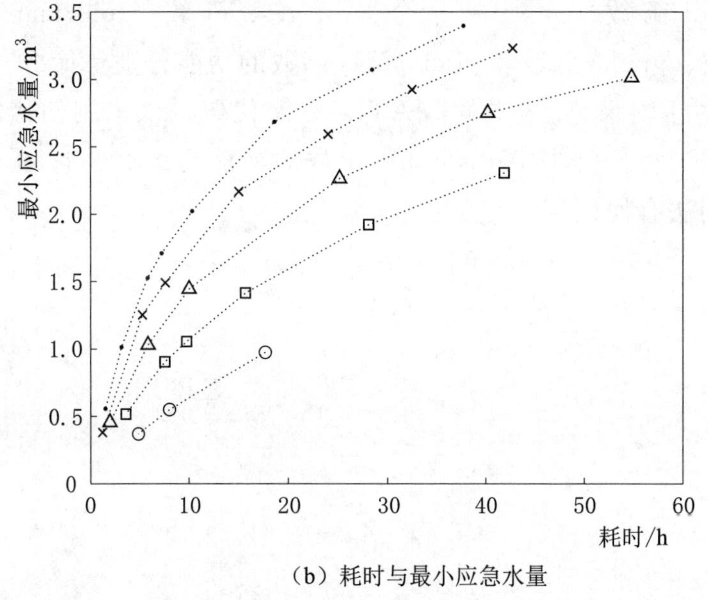

（b）耗时与最小应急水量

图 3-7 红水河各污水偷排情景的龙滩水库应急调度方案的稀释达标耗时与应急流量和应急水量的关系

思 考 题

1. 针对突发水污染事件，有哪些就地处理方法？查阅相关资料，定性描述各方法的适用性和处置特点。

2. 如何理解河流二维水质模型的基础理论方程？本章模拟水质时设置了哪些基本假定？

3. 地面水环评软件 EIAW1. 1 的主要功能包含哪些？类似的软件还有哪些，分析其特点？

4. 突发水污染水库应急调度的目标是什么？举例说明某一个情景水库调度结果的规律。

5. 随着污染物示踪、模拟技术及水环境大数据的不断完善，哪些观测数据可以用于验证和改进突发水污染水库应急调度模型？

6. 附录 A. 2 中，如何理解子函数 plotCentration 的计算流程？tiledlayout 函数、nexttile 命令、imagesc 函数、colormap 函数、text 函数、yticks 函数和 yticklabels 函数的功能分别是什么？

7. 对于附录 A. 3 中的 MATLAB 源代码，试采用伪代码写出该脚本的流程。脚本中 readtable 函数的功能是什么？它和 xlsread 函数的用法有何区别？

第4章　水库失能应急调度研究

水库失能指水库失去设计的径流调节能力的现象。它分为两种情形：①只蓄，即水库在失能期内只能蓄水、失去任何泄水能力的状态；②只泄，即水库在失能期内只能按照当前天然来水量进行泄水、失去任何蓄水能力的状态。水库失能应急调度的目的是在失能期内通过其他水库进行补偿调节，使得失能水库的下游水库出库流量尽可能保持正常运行时的状态，即出库流量尽可能接近于实测值。

4.1　水库失能情景与应急调度方案集

4.1.1　水库失能情景的数学表达

考虑枯水期和丰水期水库调度方式存在差异，本书假定了如下6种失能情景。

（1）天一水库只蓄失能情景，其数学表达式为

$$Q_1(t)=0 \tag{4-1}$$

式中　t——应急调度期（T）内的时段序号；

$Q_1(t)$——天一水库第t时段出库流量模拟值，m^3/s。

（2）天一水库只泄失能情景，其数学表达式为

$$Q_1(t)=i_1(t) \tag{4-2}$$

式中　$i_1(t)$——天一水库第t时段入库流量实测值，m^3/s。

（3）光照水库只蓄失能情景，其数学表达式为

$$Q_2(t)=0 \tag{4-3}$$

式中　$Q_2(t)$——光照水库第t时段出库流量模拟值，m^3/s。

(4) 光照水库只蓄失能情景，其数学表达式为

$$Q_2(t)=i_2(t) \tag{4-4}$$

式中　$i_2(t)$——光照水库第 t 时段入库流量实测值，m^3/s。

(5) 天一、光照两库只蓄失能情景，其数学表达式为

$$[Q_1(t)=0]\wedge[Q_2(t)=0] \tag{4-5}$$

式中　$\wedge$——逻辑与符号。

(6) 天一、光照两库只泄失能情景，其数学表达式为

$$[Q_1(t)=i_1(t)]\wedge[Q_2(t)=i_2(t)] \tag{4-6}$$

为便于读者理解各情景，绘制了西江流域水库失能情景示意图（图 4-1）。

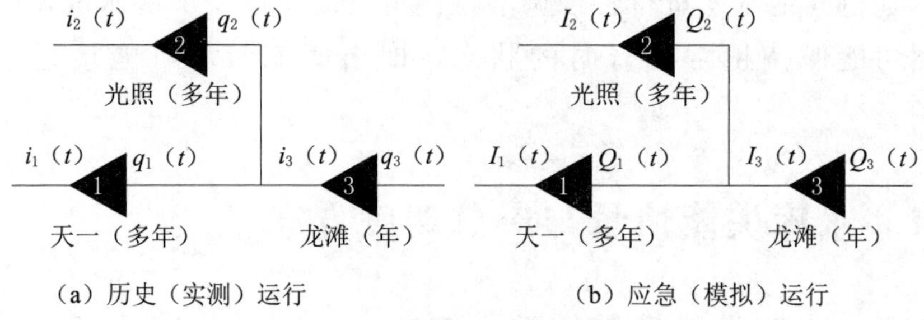

图 4-1　西江流域水库失能情景示意图

4.1.2　水库失能应急调度方案集

西江流域水库失能应急调度方案集见表 4-1。

表 4-1　　西江流域水库失能应急调度方案集

<table>
<tr><th>失能水库</th><th>事件</th><th>枯水期水库应急调度方案集</th><th>丰水期水库应急调度方案集</th></tr>
<tr><td rowspan="2">天一</td><td>只蓄</td><td rowspan="2">(1) 光照补偿天一出库流量减少量的 100%；
(2) 光照补偿天一出库流量减少量的 15.4%；
(3) 光照出库流量等于历史值</td><td>光照出库流量等于历史值</td></tr>
<tr><td>只泄</td><td>(1) 光照出库流量等于历史值；
(2) 光照出库流量等于历史值的 75%；
(3) 光照出库流量等于历史值的 50%</td></tr>
</table>

续表

失能水库	事件	枯水期水库应急调度方案集	丰水期水库应急调度方案集
光照	只蓄	（1）天一补偿光照出库流量减少量的100%；（2）天一补偿光照出库流量减少量的34.5%；（3）天一出库流量等于历史值	天一出库流量等于历史值
	只泄		（1）天一出库流量等于历史值；（2）天一出库流量等于历史值的75%；（3）天一出库流量等于历史值的50%
两库（天一+光照）	只蓄	龙滩出库流量等于历史值	
	只泄		

天一水库单库失能（只蓄或只泄）时，光照水库失能应急调度公式为

$$Q_2(t)=c(k)q_2(t)+b_1(k)q_1(t) \tag{4-7}$$

光照水库单库失能（只蓄或只泄）时，天一水库失能应急调度公式为

$$Q_1(t)=c(k)q_1(t)+b_2(k)q_2(t) \tag{4-8}$$

式中　$Q_1(t)$ 和 $Q_2(t)$——天一水库和光照水库第 t 时段出库流量模拟值，m^3/s；

$q_1(t)$ 和 $q_2(t)$——天一水库和光照水库第 t 时段出库流量实测值，m^3/s；

$c(k)$、$b_1(k)$ 和 $b_2(k)$——系数。

$c(k)$、$b_1(k)$ 和 $b_2(k)$ 计算公式分别为

$$c(k)=\begin{cases}1 & \text{枯水期 } k=1,2,3;\text{或丰水期 } k=1\\ 0.75 & \text{丰水期 } k=2\\ 0.5 & \text{丰水期 } k=3\end{cases} \tag{4-9}$$

$$b_1(k)=\begin{cases}1 & \text{枯水期 } k=1\\ 0.345 & \text{枯水期 } k=2\\ 0 & \text{枯水期 } k=3;\text{或丰水期 } k=1,2,3\end{cases} \tag{4-10}$$

$$b_2(k)=\begin{cases}1 & \text{枯水期 } k=1 \\ 0.154 & \text{枯水期 } k=2 \\ 0 & \text{枯水期 } k=3\text{；或丰水期 } k=1,2,3\end{cases} \tag{4-11}$$

式中　　k——失能应急调度方案的编号；

0.345 和 0.154——天一水库和光照水库与龙滩水库的兴利库容之比。

4.2　水库失能应急调度模型

水库调度模型是水库失能应急调度的核心，其数学形式包括目标函数和约束条件。此外，本节还介绍了著者等提出的模型求解算法，以及模型输入与输出。

4.2.1　水库调度目标函数的一般形式

西江流域骨干水库群应急调度需要综合考虑水库群运行安全、压咸、供水、发电等多目标，协同优化以最大化水库群综合效益。

（1）运行安全目标：

$$\min\Delta Z=|Z(t_{\text{end}})-Z(t_{\text{start}})| \tag{4-12}$$

式中　　ΔZ——调度期水位变幅，m；

$Z(t_{\text{end}})$、$Z(t_{\text{start}})$——调度期末水位、调度期初水位，m。

（2）压咸目标：

$$\max\Delta Q=\min[Q_{\text{WuZhou}}(t)-1900] \tag{4-13}$$

式中　$Q_{\text{WuZhou}}(t)$——梧州水文站在调度期内第 t 时段的平均流量，m^3/s。

（3）供水目标：

$$\min\Delta W=\sum_{t=1}^{T}|Q'_{\text{out}}(t)-Q_{\text{out}}(t)|\times\Delta t \tag{4-14}$$

式中　ΔW——调度期出库水量变幅，m^3；

$Q'_{out}(t)$——处置突发事件的应急调度水库在第 t 时段的平均出库流量，m^3/s；

$Q_{out}(t)$——水库在第 t 时段的实际平均出库流量，m^3/s；

Δt——计算时间步长，h；

t——时段编号，无量纲；

T——时段总数，无量纲。

（4）发电目标：

$$\max E = k\sum_{t=1}^{T} Q_{ele}(t) H_{ele}(t) \Delta t \tag{4-15}$$

式中　E——总发电量，kW·h；

k——水电站出力系数，无量纲；

$Q_{ele}(t)$——水电站在第 t 时段的发电平均流量，m^3/s；

$H_{ele}(t)$——水电站在第 t 时段的发电平均水头，m。

4.2.2　水库失能应急调度模型的目标函数

对于失能应急调度情形，可将式（4-12）～式（4-15）简化为一个目标——失能水库下游水库群出库流量相对正常时出库流量的变幅最小化，其数学表达为

$$\min \Delta W = \sum_{t=1}^{T}\sum_{n=1}^{N}[Q_{emergency}(n,t) - Q_{real}(n,t)]\Delta t \tag{4-16}$$

式中　ΔW——下游水库群出库水量的变化量，m^3；

$Q_{emergency}(n,t)$——下游第 n 水库在第 t 时段的应急平均出库流量，m^3/s；

$Q_{real}(n,t)$——下游第 n 水库在第 t 时段的实际平均出库流量，m^3/s；

n——下游水库（电站）编号，无量纲；

N——下游水库（电站）总数，无量纲；

t——时段编号，无量纲；

Δt——计算时间步长，s；

T——时段总数，无量纲。

4.2.3　水库失能应急调度模型的约束条件

水库失能应急调度的约束条件包括区间水量平衡约束、水库水量平衡约束、水库水位约束、水库库容约束、电站出力约束和电站过机流量约束。

(1) 区间水量平衡约束：

$$Q_{in}(n+1,t)=Q_{out}(n,t-t_{lag})+Q_{local}(t-t_{lag})+\Delta\varepsilon \quad (4-17)$$

式中　$Q_{in}(n+1,t)$——第 $n+1$ 水库在 t 时段的平均入库流量，m^3/s；

$Q_{out}(n,t-t_{lag})$——第 n 水库在 $t-t_{lag}$ 时段的平均出库流量，m^3/s；

$Q_{local}(t-t_{lag})$——第 $t-t_{lag}$ 时段的区间平均流量，m^3/s；

t_{lag}——水流滞时，s；

$\Delta\varepsilon$——河道水量损失，m^3/s。

(2) 水库水量平衡约束：

$$V(n,t+1)=V(n,t)+W_{in}(n,t)-W_{out}(n,t)-V_{ss}(n,t) \quad (4-18)$$

式中　$V(n,t+1)$——第 n 水库在第 $t+1$ 时段的末库容，亿 m^3；

$V(n,t)$——第 n 水库在 t 时段的末库容，亿 m^3；

$W_{in}(n,t)$——第 n 水库在 t 时段的入库水量，m^3；

$W_{out}(n,t)$——第 n 水库在 t 时段的出库水量，m^3；

$V_{ss}(n,t)$——第 n 水库在 t 时段的库容损失量，亿 m^3。

(3) 水库水位约束：

$$Z_{min}(n,t)\leqslant Z(n,t)\leqslant Z_{max}(n,t) \quad (4-19)$$

式中　$Z(n,t)$——第 n 水库在 t 时段的水位，m；

$Z_{min}(n,t)$——第 n 水库在 t 时段的水位下限（死水位），m；

$Z_{max}(n,t)$——第 n 水库在 t 时段的水位上限（非汛期为正常蓄水位，汛期为正常高水位），m。

（4）水库库容约束：

$$V_{min}(n,t) \leqslant V(n,t) \leqslant V_{max}(n,t) \tag{4-20}$$

式中　$V(n,t)$——第 n 水库在 t 时段的库容，亿 m^3；

$V_{min}(n,t)$——第 n 水库在 t 时段的库容下限，亿 m^3；

$V_{max}(n,t)$——第 n 水库在 t 时段的库容上限，亿 m^3。

（5）电站出力约束：

$$N_{min}(n,t) \leqslant N(n,t) \leqslant N_{max}(n,t) \tag{4-21}$$

式中　$N(n,t)$——第 n 电站在 t 时段的出力，kW；

$N_{min}(n,t)$——第 n 电站在 t 时段的出力下限，kW；

$N_{max}(n,t)$——第 n 电站在 t 时段的出力上限，kW。

（6）电站过机流量约束：

$$Q_{ele\_min}(n) \leqslant Q_{ele}(n,t) \leqslant Q_{ele\_max}(n) \tag{4-22}$$

式中　$Q_{ele}(n,t)$——第 n 电站在 t 时段的引用流量，m^3/s；

$Q_{ele\_min}(n)$——第 n 电站的引用流量下限，m^3/s；

$Q_{ele\_max}(n)$——第 n 电站的引用流量上限，m^3/s。

4.2.4　水库失能应急调度模型的求解算法

水库失能应急调度模型是一个多目标多维非线性约束的优化模型,著者基于 NSGA－Ⅱ（Deb et al.，2002）提出了狮群算法(Lion Pride Algorithm，LPA）并对该问题进行求解，展现出更强的适用性、计算速度和收敛速度。该算法的创新在于采用了断崖点识别技术进行优秀个体的选择，有关该方法的详细阐述，读者可参考相关文献（刘东等，2020；Liu et al.，2020）。LPA 的 MATLAB 源代码见附录 B。

4.2.5　水库失能应急调度模型的数据输入与输出

需要输入水库应急调度模型的相关数据包括：①各水库水位—库容关系曲线、各水电站尾水位—发电流量关系曲线；②各水电站及机组基本运行参数；③各水库压咸、供水、发电等任务所需流量；④各水库实测入库流量和出库流量；⑤各水库间的水流时滞时间；⑥各水库的初始运行水位。

水库应急调度模型的输出结果包括：①各水库逐时段的初末的水位（m）和库容（亿 m^3）；②各水库逐时段的平均入库流量和出库流量（m^3/s）；③各水库逐时段的发电引用流量（m^3/s）和发电水头（m）；④水电站群及各水电站逐时段的平均出力（MW）；⑤水电站群及各水电站在应急调度期的总发电量（亿 kW・h）。

4.3　水库失能应急调度模拟结果分析

依据最不利原则，选定 2013 年 4 月 1—10 日（天一水库和光照水库来水量之和最大的连续 10 天）为西江流域枯水期水库失能应急调度的模拟时段，选定 2014 年 9 月 17—26 日为西江流域丰水期水库失能应急调度的模拟时段。

应急调度时段的选定步骤如下：①整理天一水库和光照水库的入库流量资料，选取两库均存在实测值的日流量序列；②将两库的日流量序列按日期顺序依次相加，得到两库日入库流量之和序列；③将序列连续十日内的值相加，找出连续十日流量之和的最小值；④找出该最小值所对应的时间序列，即为两库来水最枯的连续十天。

将西江流域水库失能应急调度方案集（见表 4-1）输入水库失能应急调度模型并求解（见 4.2 节）。本节所有的制图 MATLAB 源代码见附录 A.4。

4.3.1　枯水期天一水库失能情景分析

枯水期天一水库只蓄和只泄失能情景的各库出库流量、水位和发电量过程，见图 4-2。分析可知：实测情景下，各库的出库流量和日发电量均呈上升趋势，水位均持续降低。只蓄情景下，天一水库出库流量恒定为 0，故水位不断上升、发电量恒等于 0；只泄情景下，天一水库出库流量等于入库流量，故水位不变，而天一水库枯水期正常运行时出库流量一般是大于入库流量的（补枯），故发电量减小。光照水库作为天一水库的并联水库，天一水库只蓄或只泄失能时，天一水库出库流量均减小，故光照水库应急期出库流量

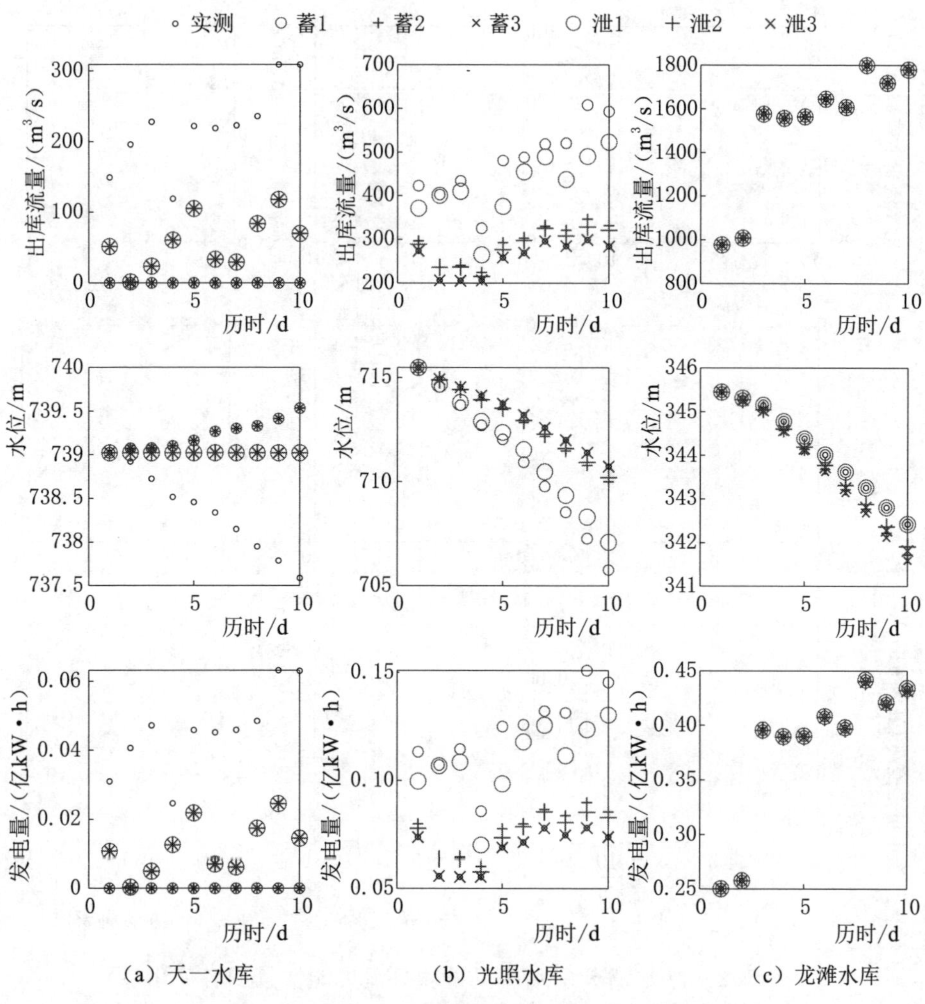

图 4-2　枯水期天一水库只蓄和只泄失能情景的各库出库流量、水位和发电量过程

一般不小于历史流量，因此光照水库水位下降速率更大，发电量增加。对于龙滩水库而言，各方案的出库流量、水位和发电量基本与历史情形一致。

为探究水库失能运行的状态变量相对于水库正常运行的变幅，分析了枯水期天一水库只蓄和只泄失能情景的各库出库流量、水位和发电量与实测值之差见图 4-3。

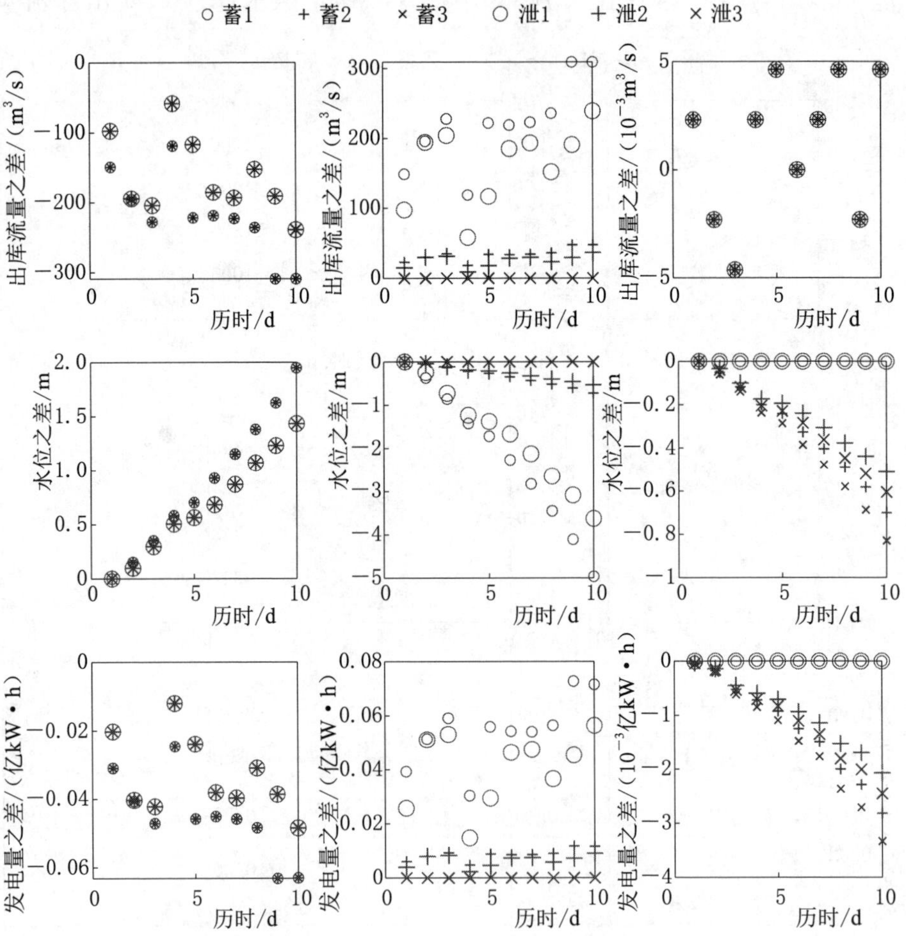

（a）天一水库　　（b）光照水库　　（c）龙滩水库

图 4-3　枯水期天一水库只蓄和只泄失能情景的各库出库流量、水位和发电量与实测值之差

4.3.2 枯水期光照水库失能情景分析

枯水期光照水库只蓄和只泄失能情景的各库出库流量、水位和发电量过程，见图 4-4，分析可知：实测情景下，各库的出库流量和日发电量均呈上升趋势，水位均持续降低。

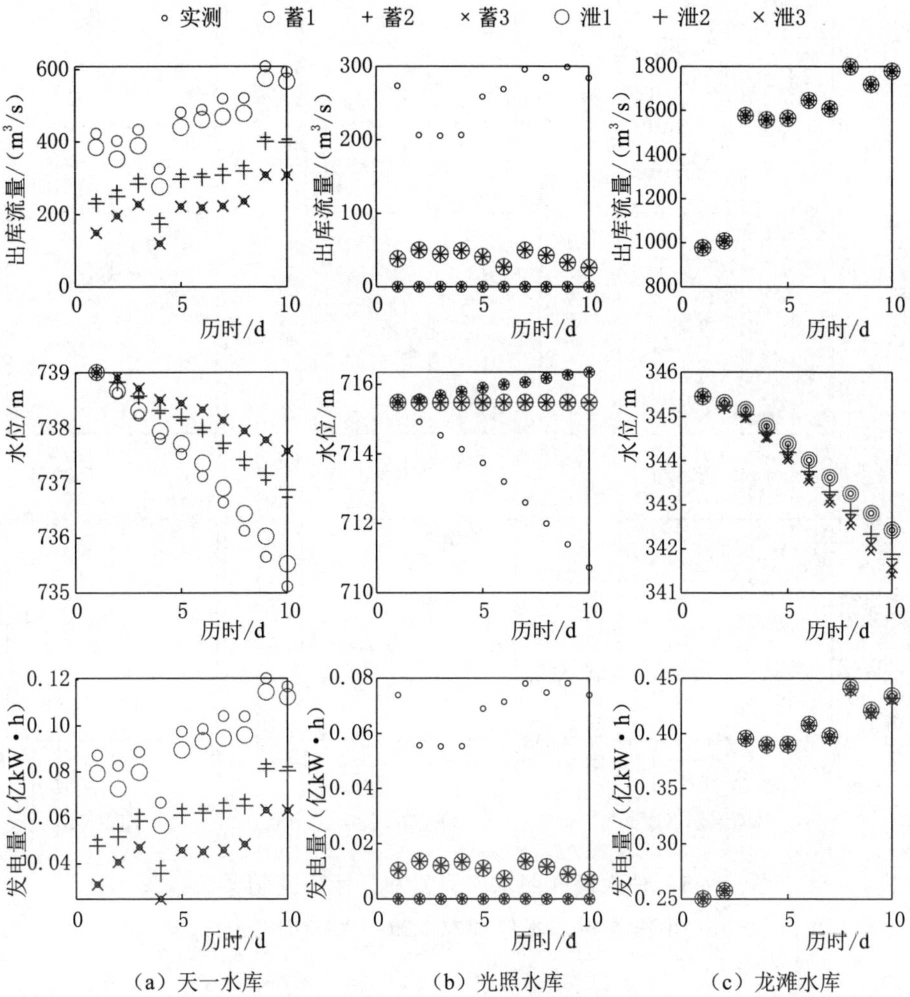

（a）天一水库　　（b）光照水库　　（c）龙滩水库

图 4-4　枯水期光照水库只蓄和只泄失能情景的各库出库流量、水位和发电量过程

枯水期光照水库只蓄和只泄失能情景的各库出库流量、水位和发电量与实测值之差，见图 4 - 5。

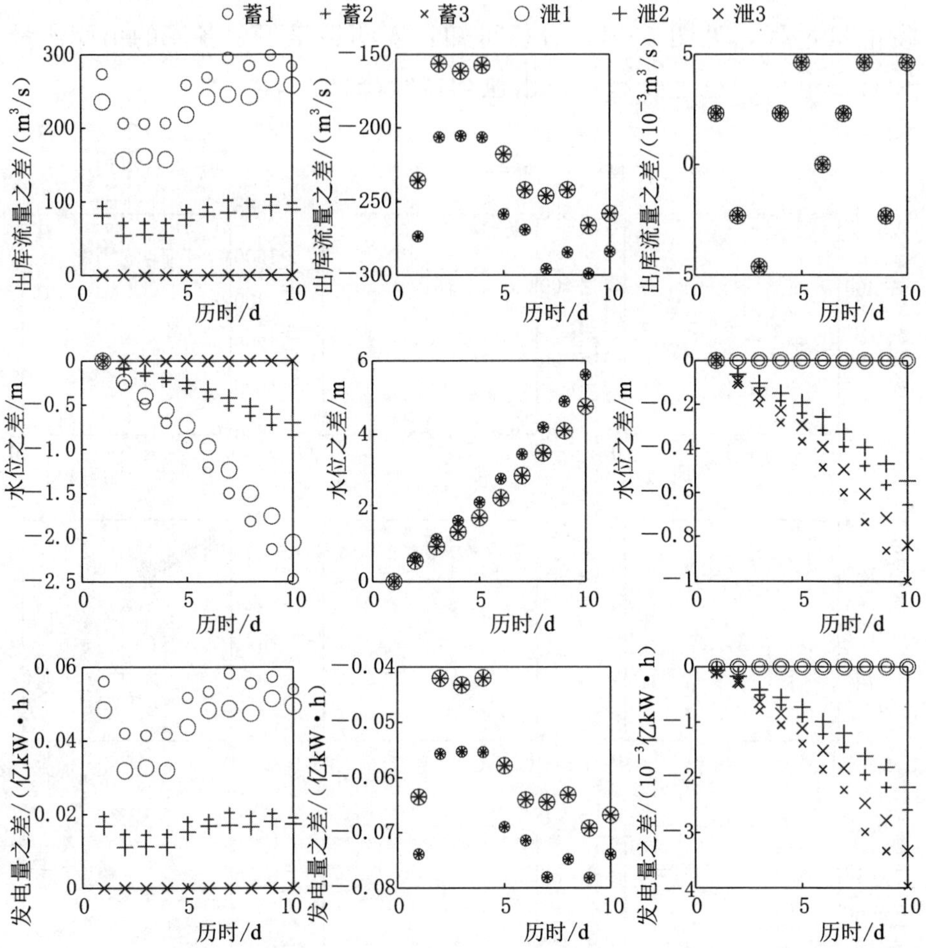

（a）天一水库　（b）光照水库　（c）龙滩水库

图 4 - 5　枯水期光照水库只蓄和只泄失能情景的各库出库流量、水位和发电量与实测值之差

4.3.3　枯水期天一和光照两库失能情景分析

枯水期天一和光照两库只蓄和只泄失能情景的各库出库流量、

水位和发电量过程，见图 4－6。分析可知：实测情景下，各库的出库流量和日发电量均呈上升趋势，水位均持续降低。

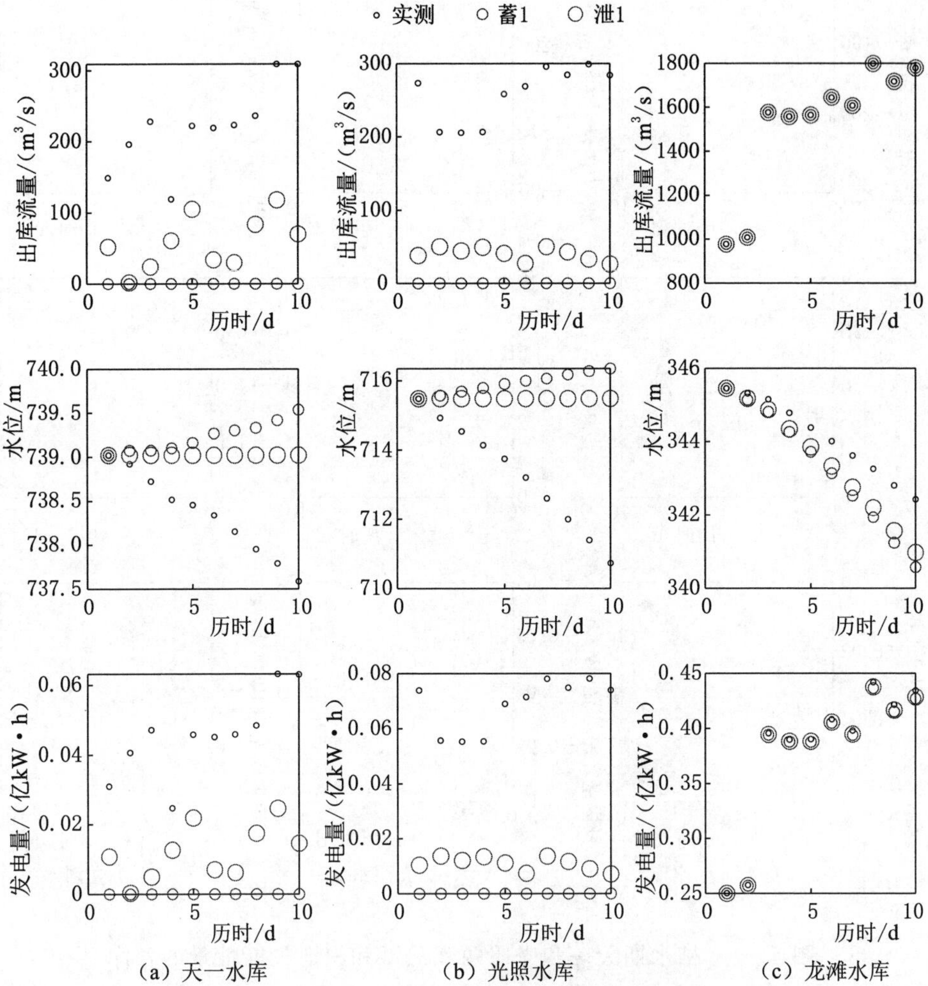

(a) 天一水库　(b) 光照水库　(c) 龙滩水库

图 4－6　枯水期天一和光照两库只蓄和只泄失能情景的各库出库流量、水位和发电量过程

枯水期天一和光照水库只蓄和只泄失能情景的各库出库流量、水位和发电量与实测值之差，见图 4－7。

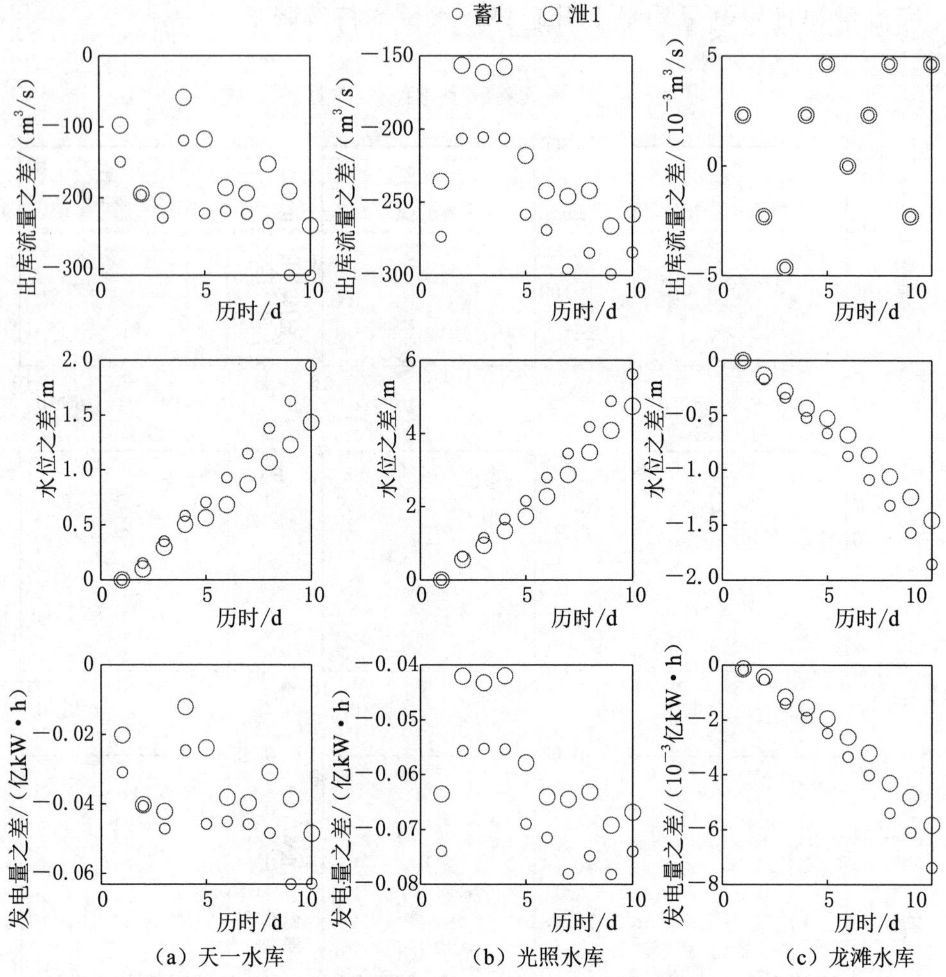

图4-7　枯水期天一和光照两库只蓄和只泄失能情景的各库出库流量、水位和发电量与实测值之差

4.3.4　丰水期天一水库失能情景分析

丰水期天一水库只蓄和只泄失能情景的各库出库流量、水位和发电量过程，见图4-8。

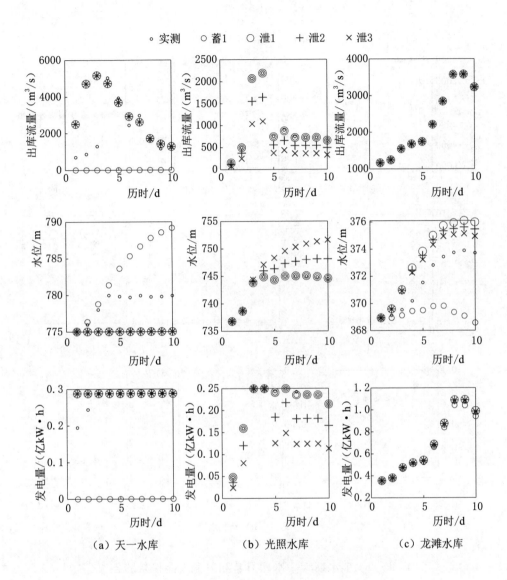

(a) 天一水库　　(b) 光照水库　　(c) 龙滩水库

图 4-8　丰水期天一水库只蓄和只泄失能情景的各库出库流量、水位和发电量过程

丰水期天一水库只蓄和只泄失能情景的各库出库流量、水位和发电量与实测值之差，见图 4-9。

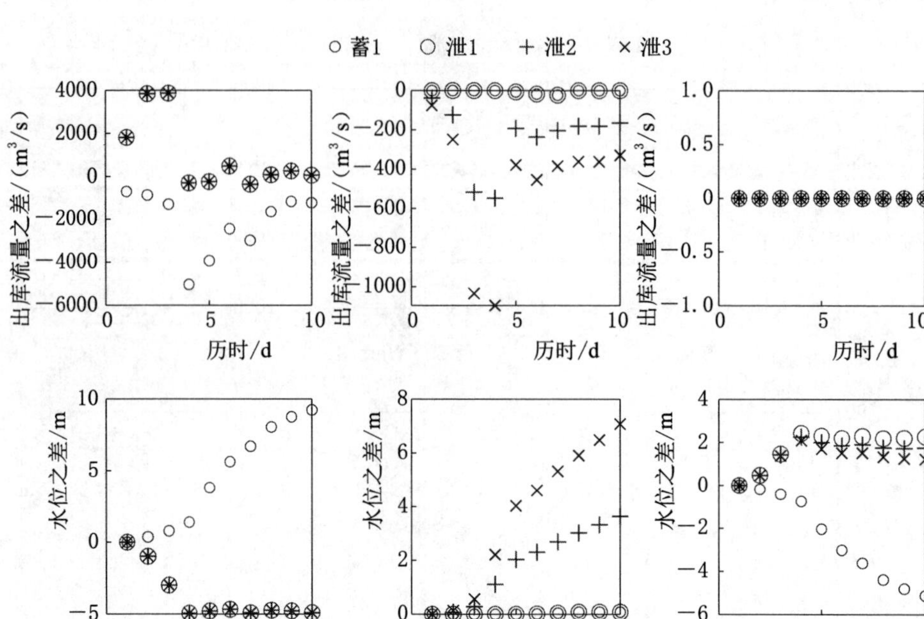

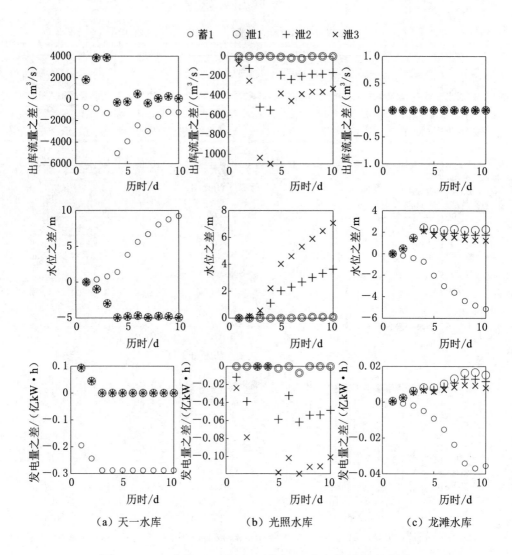

(a) 天一水库　(b) 光照水库　(c) 龙滩水库

图 4-9　丰水期天一水库只蓄和只泄失能情景的各库出库流量、水位和发电量与实测值之差

4.3.5　丰水期光照水库失能情景分析

丰水期光照水库只蓄和只泄失能情景的各库出库流量、水位和发电量过程，见图 4-10。

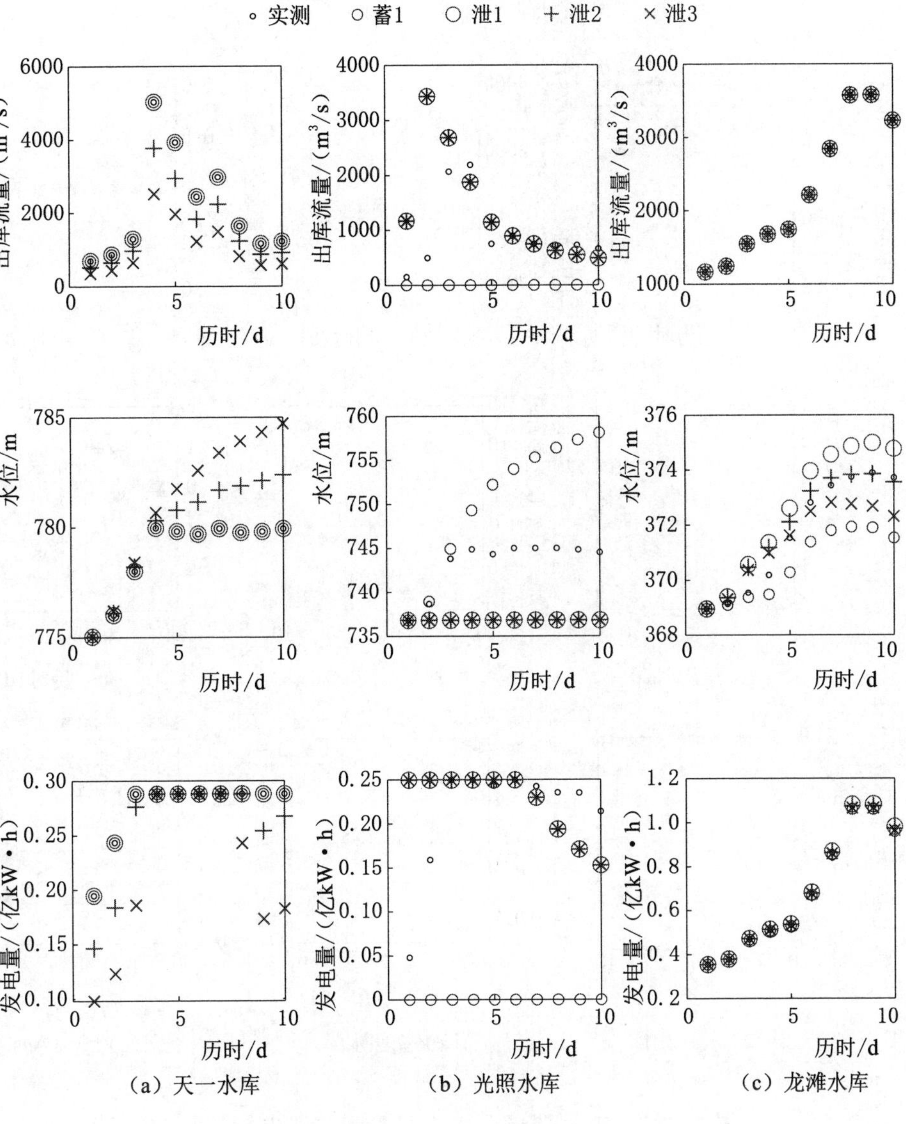

(a) 天一水库　　(b) 光照水库　　(c) 龙滩水库

图 4-10　丰水期光照水库只蓄和只泄失能情景的各库水位、出库流量和发电量过程

丰水期光照水库只蓄和只泄失能情景的各库出库流量、水位和发电量与实测值之差，见图 4-11。

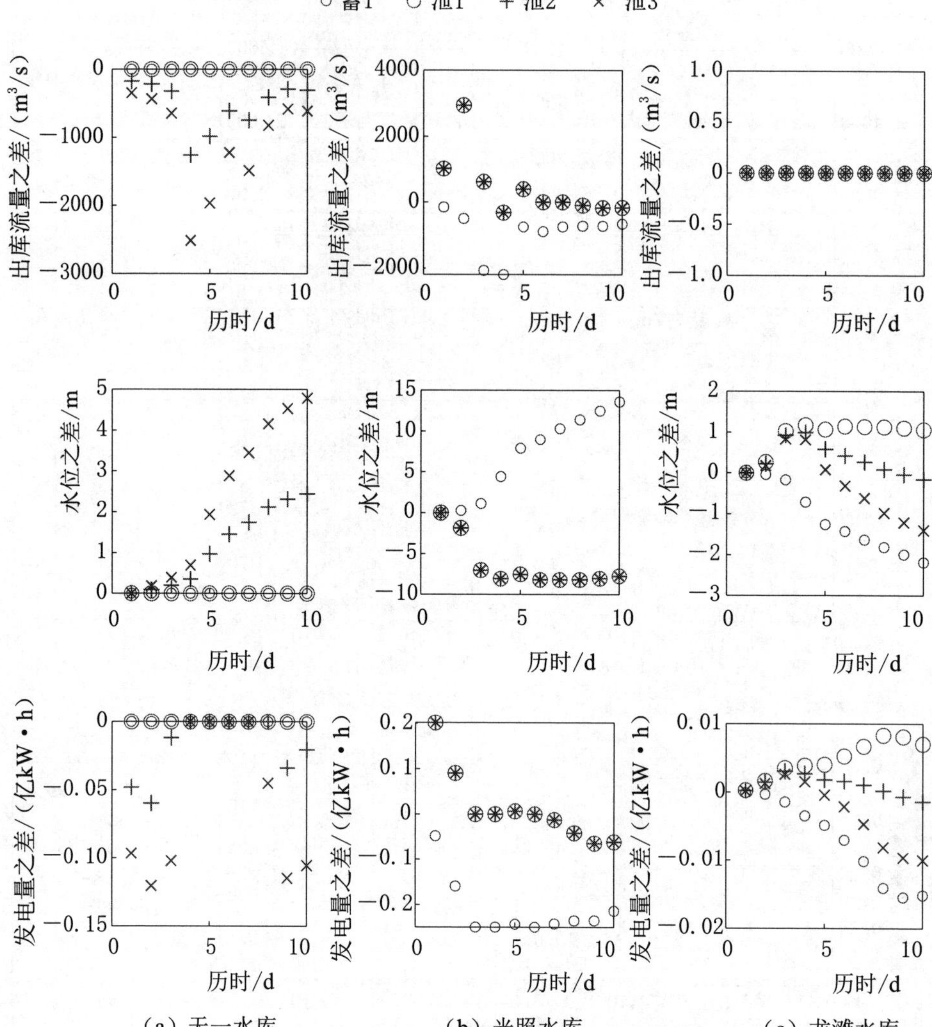

图 4-11　丰水期光照水库只蓄和只泄失能情景的各库出库流量、水位和发电量与实测值之差

4.3.6　丰水期天一和光照两库失能情景分析

丰水期天一和光照两库只蓄和只泄失能情景的各库出库流量、

水位和发电量过程，见图 4-12。

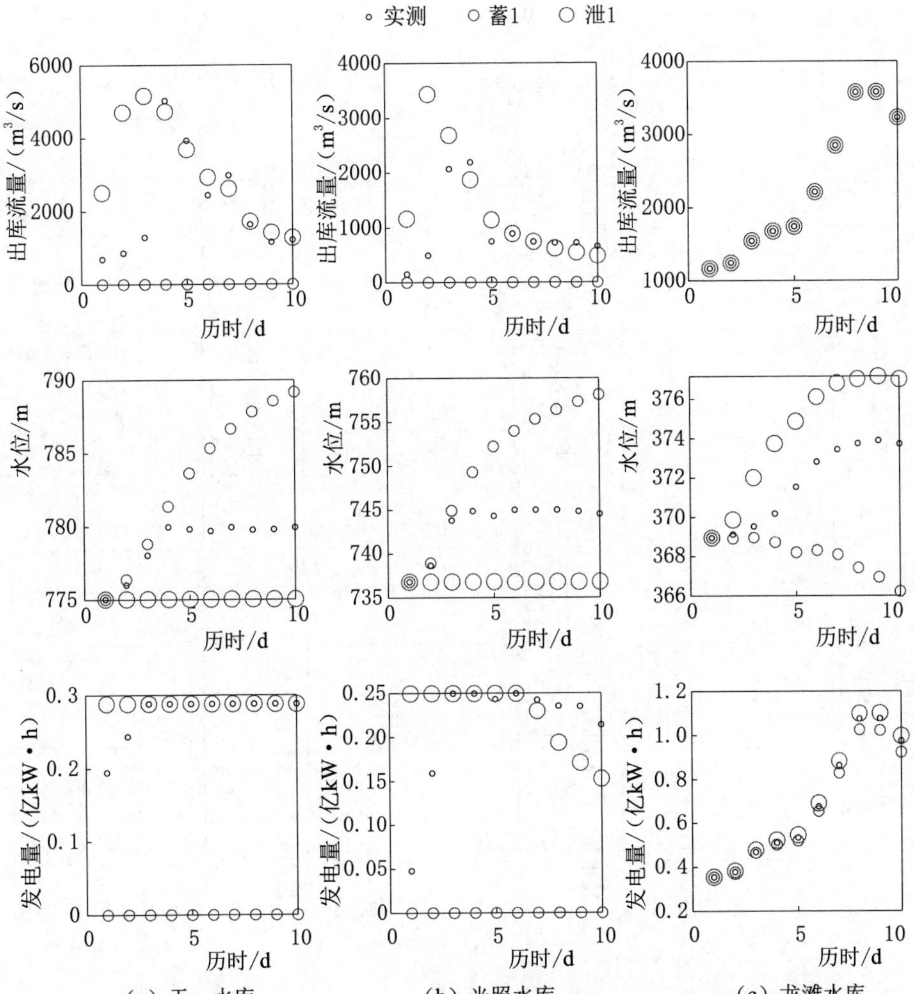

(a) 天一水库　(b) 光照水库　(c) 龙滩水库

图 4-12　丰水期天一和光照两库只蓄和只泄失能情景的各库出库流量、水位和发电量过程

丰水期天一和光照两库只蓄和只泄失能情景的各库出库流量、水位和发电量与实测值之差，见图 4-13。

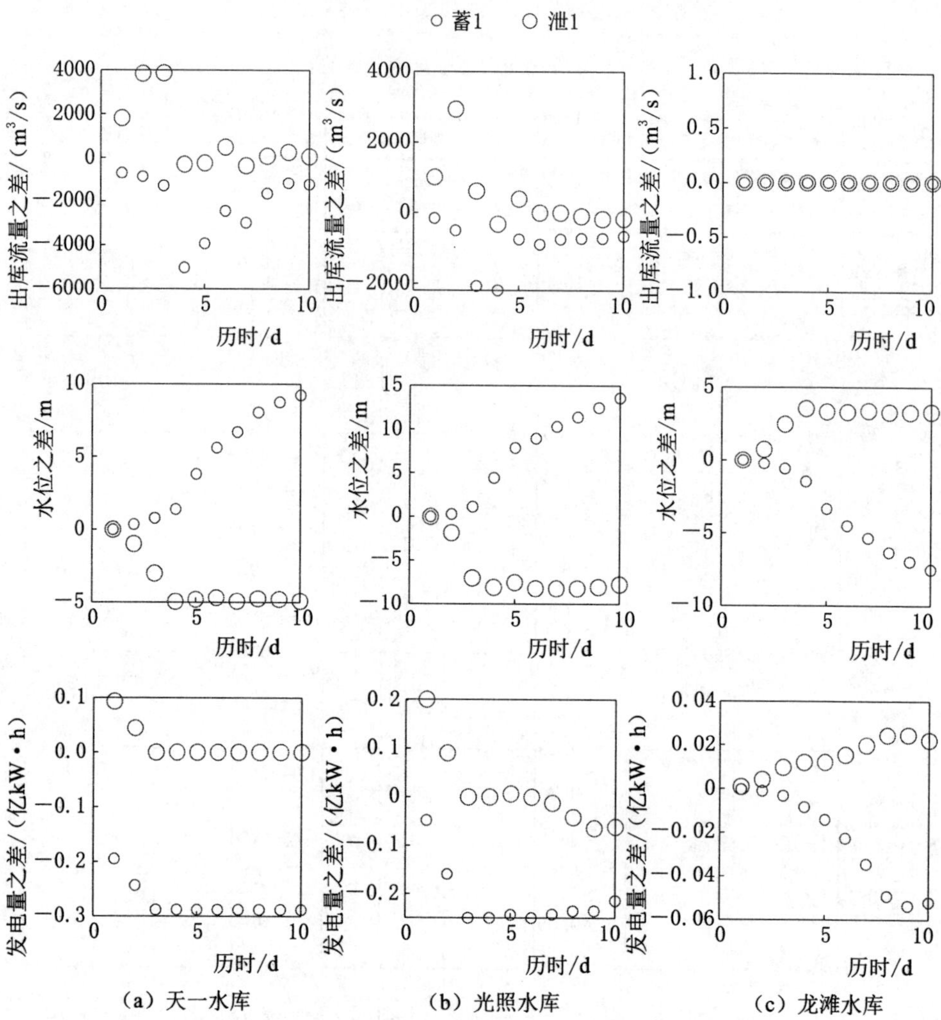

图 4-13　丰水期天一和光照两库只蓄和只泄失能情景的各库出库流量、水位和发电量与实测值之差

4.3.7　水库失能应急调度综合分析

综上所述，西江骨干水库失能应急调度模拟结果表明：

(1) 与单库失能情景对比，两库失能情景总是对西江水库群调

度更不利。但各情景下的应急调度方案，均能保证龙滩出库流量等于其历史值，即应急调度期内不影响龙滩下游的西江流域骨干水库群的正常运行。

（2）对于枯水期的6种水库失能情景，各失能应急调度方案的各库水位均在其死水位和正常蓄水位之间，水库安全运行；对于丰水期的5种水库失能情景（除去两库只泄情景），部分失能应急调度方案的某库水位超过其校核洪水位甚至是坝顶高程。如天一水库只蓄失能情景，应急调度方案（光照出库流量等于历史值）的天一水库水位在部分时段超过其校核洪水位（789.86m）；天一水库只泄失能情景，应急调度方案2（光照出库流量等于历史值的75%）和应急调度方案3（光照出库流量等于历史值的50%）的光照水库水位在部分时段超过其校核洪水位（747.07m）。

（3）枯水期水库失能情景的天一-光照-龙滩水电站群发电量见图4-14，丰水期水库失能情景的天一-光照-龙滩水电站群发电量见图4-15，分析可知：对于各失能情景的不同应急调度方案，三站日发电量之和均呈增加趋势。

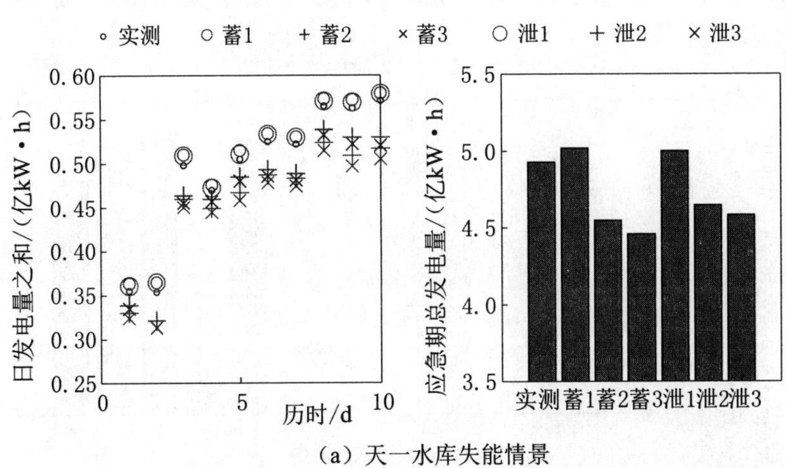

(a) 天一水库失能情景

图4-14（一） 枯水期水库失能情景的天一-光照-龙滩水电站群发电量

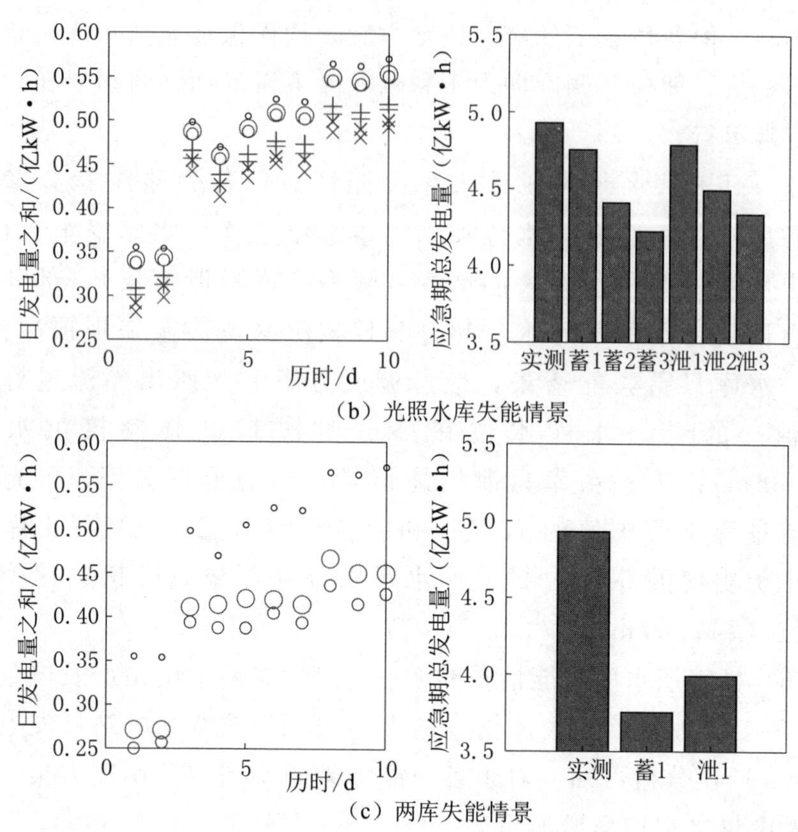

(b) 光照水库失能情景

(c) 两库失能情景

图4-14(二) 枯水期水库失能情景的天一-光照-龙滩水电站群发电量

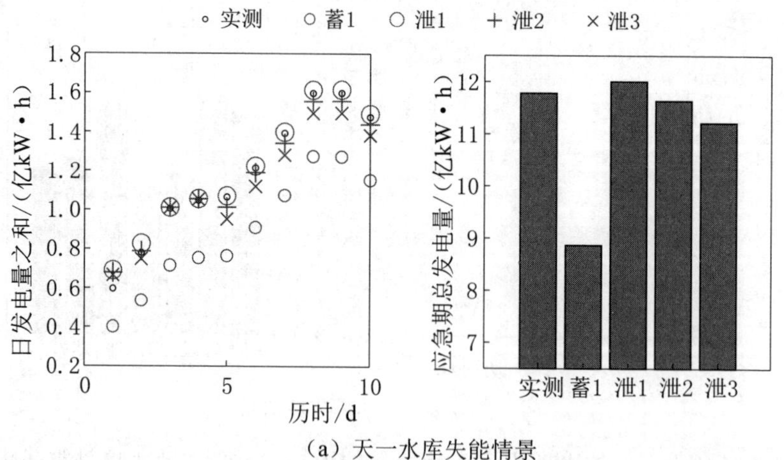

(a) 天一水库失能情景

图4-15(一) 丰水期水库失能情景的天一-光照-龙滩水电站群发电量

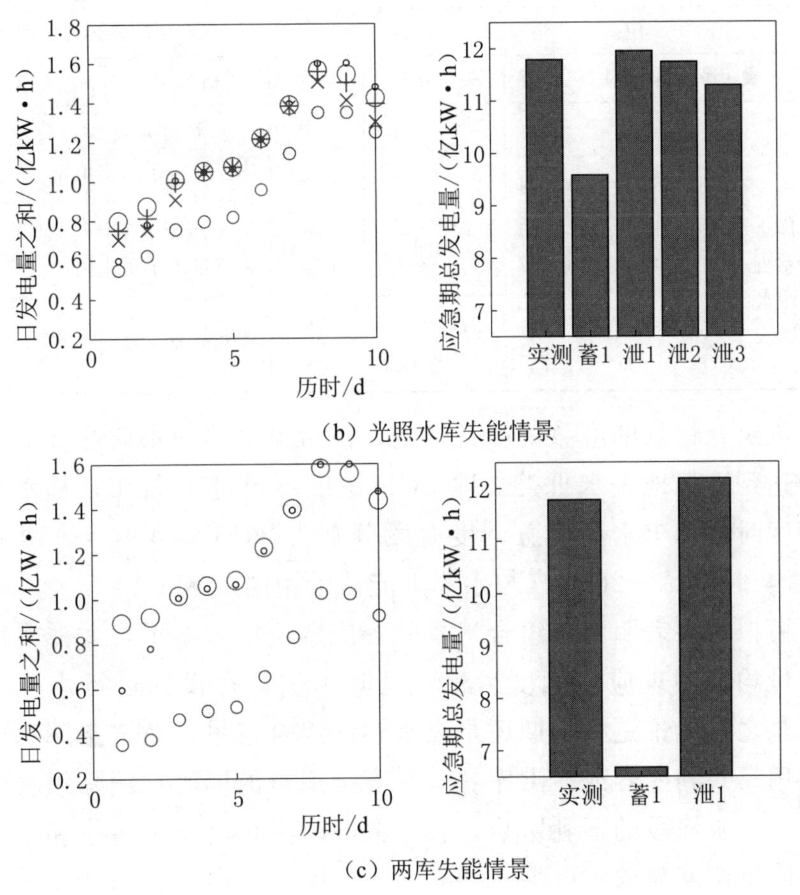

图 4-15(二) 丰水期水库失能情景的天一-光照-龙滩水电站群发电量

4.4 突发水污染与水库失能组合情景应急调度模拟与分析

在研究了突发水污染水库应急调度和水库失能应急调度基础上，为评估西江骨干水库群对突发水污染与水库失能组合情景的应急调度能力，还设置了组合情景的应急调度方案集，见表 4-2。

表 4－2　突发水污染与水库失能组合情景的应急调度方案集

<table>
<tr><th colspan="3">组　合　情　景</th><th colspan="2">水库应急调度方案</th></tr>
<tr><th>突发水污染事件</th><th>失能水库</th><th>事件</th><th>枯水期</th><th>丰水期</th></tr>
<tr><td rowspan="6">在水库失能事件的第一天，龙滩水库下游某断面以 25m³/s 的流量偷排 BOD 浓度为 2000mg/L 的污水</td><td rowspan="2">天一</td><td>只蓄</td><td colspan="2" rowspan="2">龙滩泄水稀释，且光照出库流量等于历史值</td></tr>
<tr><td>只泄</td></tr>
<tr><td rowspan="2">光照</td><td>只蓄</td><td colspan="2" rowspan="2">龙滩泄水稀释，且天一出库流量等于历史值</td></tr>
<tr><td>只泄</td></tr>
<tr><td rowspan="2">两库
(天一＋光照)</td><td>只蓄</td><td colspan="2" rowspan="2">龙滩泄水稀释</td></tr>
<tr><td>只泄</td></tr>
</table>

该组合情景的应急调度目标是，被污染水体的水质在 24h 内被稀释达到国标地表水Ⅲ类，即 BOD 浓度不超过 4mg/L；枯水期应急调度时段和丰水期应急调度时段分别为 2013 年 4 月 1—10 日和 2014 年 9 月 17—26 日（与水库失能情景相同）。

模拟结果表明：各组合情景的各应急调度方案下，龙滩水库下泄水量均能实现应急调度目标，且其水位均在设计运行水位范围内。总之，无论是枯水期还是丰水期的组合情景，龙滩水库都能通过利用其兴利库容或拦洪库容，在安全运行的同时，消除组合情景对水库下游河段的不利影响，各方案同时满足突发水污染和水库失能的应急调度需求。

思　考　题

1. 如何理解水库失能？试阐述可能导致水库失能的原因。

2. 水库失能情景和水库失能应急调度模型的数学表达分别是什么，如何理解？

3. 如何构建水库失能应急调度模型，难点是什么？

4. 水库失能应急调度模拟时段的选定步骤包含哪些？

5. 在进行水库失能应急调度模拟与分析时，为何要将丰水期和枯水期分开？

6. 在分析某水库失能情景的模拟结果时，需要从哪些变量展开?

7. 分析突发水污染与水库失能组合情景应急调度，有何意义?

8. 进行水库失能应急调度时，存在哪些基本规律?

9. 阅读附录 A. 4，回答以下问题：①它用到 MATLAB 的哪些程序控制结构? 试举一例详细说明相关语法。②cellfun 函数的功能是什么? 如何用某一种程序控制结构实现相同的功能? ③新建文件夹的命令有哪些? ④选某一代码块或子函数，逐句阐述该代码的功能。⑤参考该代码实现思路，新编写一个脚本绘制类似的结果分析图。

10. 分析附录 B 的代码结构，仔细阅读各函数的内容，完成以下任务：①查阅 LPA 相关资料，绘制 LPA 的计算流程图。②试说明 LPA 主函数和其他各函数的功能。③自定义某一优化问题的数学模型，基于附录 B 编写求解程序。

第5章　水库失能应急调度方案评价

为了从多个水库失能应急调度可行方案中推荐最优方案，采用多种方法进行了方案评价。附录C包含了本章计算所需要的MATLAB源代码。本章的思路和方法也可用于对其他应急类型的水库调度方案进行评价。

5.1　水库应急调度方案评价对象

被评价的西江流域水库失能情景与应急调度方案见表5-1。

表5-1　被评价的西江流域水库失能情景与应急调度方案

时期	失能事件	应急调度方案
枯水期	天一水库只蓄/只泄	(1) 光照水库补偿天一出库流量减少量的100%； (2) 光照水库补偿天一出库流量减少量的15.4%； (3) 光照水库出库流量等于历史值
	光照水库只蓄/只泄	(1) 天一水库补偿光照出库流量减少量的100%； (2) 天一水库补偿光照出库流量减少量的34.5%； (3) 天一水库出库流量等于历史值
丰水期	天一水库只泄	(1) 光照水库出库流量等于历史值； (2) 光照水库出库流量等于历史值的75%； (3) 光照水库出库流量等于历史值的50%
	光照水库只泄	(1) 天一水库出库流量等于历史值； (2) 天一水库出库流量等于历史值的75%； (3) 天一水库出库流量等于历史值的50%

西江流域水库应急调度方案评价的基本流程为：①基于层次分析法确定评价指标体系；②采用多个评价模型，分别评价水库应急调度方案；③进行多评价模型一致性检验及应急调度方案排序。

5.2　基于层次分析法的指标权重计算

5.2.1　计算方法

评价指标体系是将多个指标按照一定的层次结构有机联合构成的一个整体。层次分析法是一种层次化与系统化相结合的多目标分析方法，属于主观赋值方法，它包括建立层次结构、计算指标值矩阵、构造判断方阵和计算权向量四个步骤（Saaty，1987；练继建等，2017）。

5.2.1.1　建立层次结构

根据西江流域水库调度应急特点，建立西江流域水库应急调度方案评价指标体系，见表 5-2。

表 5-2　　西江流域水库应急调度方案评价指标体系

目标层（A）	准则层（B）	指标层（C）	越大越优型	越小越优型
应急调度	水库安全（B_1）	超校核水位历时比（C_1）		○
		最大水位变幅比（C_2）		○
	供水（B_2）	供水保证率（C_3）	○	
		供水脆弱度（C_4）		○
		最大缺水率（C_5）		○
	发电（B_3）	最小出力比（C_6）	○	
		发电量比（C_7）	○	
	生态（B_4）	生态流量保证率（C_8）	○	
		生态流量满足度（C_9）	○	

5.2.1.2　计算指标值矩阵

西江流域水库应急调度方案评价指标值矩阵，可表示为

$$\boldsymbol{X}=(x_{i,j})_{m\times n}(i=1,2,\cdots,m;j=1,2,\cdots,n) \tag{5-1}$$

式中　i——指标号，无量纲；

j——方案序号，无量纲；

m——指标总数，无量纲；

n——方案总数，无量纲；

$x_{i,j}$——第 j 方案的第 i 指标的值。

对于第 j 方案，9 个指标值的计算公式详述如下。

(1) 超校核水位历时比 (C_1)，指各应急水库超校核水位时段数与时段总数之比，公式为

$$x_{1,j}=\frac{\text{card}\{Z_{t,r}\mid Z_{t,r}>Z_r^s\}}{n_t n_r}(t=1,2,\cdots,n_t;r=1,2,\cdots,n_r) \tag{5-2}$$

式中　t——应急时段编号，无量纲；

n_t——应急时段数，无量纲；

r——应急水库编号，无量纲；

n_r——应急水库数，无量纲；

$Z_{t,r}$——第 r 应急水库第 t 时段的水位，m；

Z_r^s——第 r 应急水库的校核水位，m；

card——集合元素个数。

(2) 最大水位变幅比 (C_2)，指各应急时段的各应急水库水位模拟变幅与实际变幅之比的最大值，公式为

$$x_{2,j}=\max_{t\leqslant n_t}\frac{\max\limits_{r\leqslant n_r}Z_{t,r}-\min\limits_{r\leqslant n_r}Z_{t,r}}{\max\limits_{r\leqslant n_r}Z'_{t,r}-\min\limits_{r\leqslant n_r}Z'_{t,r}} \tag{5-3}$$

式中　$Z_{t,r}$——第 r 水库应急调度第 t 时段的水位，m；

$Z'_{t,r}$——第 r 水库第 t 时段实际水位，m。

(3) 供水保证率 (C_3)，指各应急水库出库流量满足供水需求时段数与时段总数之比，公式为

$$x_{3,j}=\frac{\text{card}\{Q_{t,r}\mid Q_{t,r}>Q'_{t,r}\}}{n_t n_r}(t=1,2,\cdots,n_t;r=1,2,\cdots,n_r) \tag{5-4}$$

式中　$Q_{t,r}$——第 r 水库应急调度第 t 时段的出库流量，m^3/s；

$Q'_{t,r}$——第 r 水库第 t 时段的实际出库流量，m^3/s。

（4）供水脆弱度（C_4），指应急期的全部水库的各时段缺水量之和与需水量之比，公式为

$$x_{4,j}=\frac{\sum_{t=1}^{n_t}\max\left[\sum_{r=1}^{n_r}(Q'_{t,r}-Q_{t,r})\Delta t,0\right]}{\sum_{t=1}^{n_t}\sum_{r=1}^{n_r}Q'_{t,r}\Delta t} \tag{5-5}$$

式中　Δt——应急调度时间步长，d。

（5）最大缺水率（C_5），指各应急水库各应急时段的缺水量与需水量之比的最大值，公式为

$$x_{5,j}=\max_{t\leqslant n_t;r\leqslant n_r}\left[\frac{(Q'_{t,r}-Q_{t,r})\cdot\Delta t}{Q'_{t,r}\cdot\Delta t}\right] \tag{5-6}$$

（6）最小出力比（C_6），指各应急时段的全部应急水库总出力与总保证出力之比的最小值，公式为

$$x_{6,j}=\min_{t\leqslant n_t}\left(\frac{\sum_{r=1}^{n_r}N_{t,r}}{\sum_{r=1}^{n_r}N'_r}\right) \tag{5-7}$$

式中　$N_{t,r}$——第 r 水库应急调度第 t 时段的出力，MW；

N'_r——第 r 水库的保证出力，MW。

（7）发电量比（C_7），指全部应急水库应急期的总发电量与实际发电量之比，公式为

$$x_{7,j}=\max\left(\frac{\sum_{t=1}^{n_t}\sum_{r=1}^{n_t}N_{t,r}\Delta t}{\sum_{t=1}^{n_t}\sum_{r=1}^{n_t}N'_{t,r}\Delta t},0\right) \tag{5-8}$$

式中　$N'_{t,r}$——第 r 水库第 t 时段的实际出力，m^3/s。

（8）生态流量保证率（C_8），指各应急水库出库流量满足生态需求时段数与时段总数之比，公式为

$$x_{8,j}=\frac{\mathrm{card}\{Q_{t,r}\mid Q_{t,r}>Q_{t,r}^{e}\}}{n_t n_r}(t=1,2,\cdots,n_t;r=1,2,\cdots,n_r) \tag{5-9}$$

式中　$Q_{t,r}^{e}$——第 r 水库第 t 时段的生态流量下限，m^3/s。

（9）生态流量满足度（C_9），指各时段各应急水库的出库流量与生态流量下限之比的和，公式为

$$x_{9,j}=\sum_{t=1}^{n_t}\sum_{r=1}^{n_r}\frac{Q_{t,r}}{Q_{t,r}^{e}} \tag{5-10}$$

5.2.1.3　构造判断方阵

判断方阵表示某层各要素相对其上一层某要素的相对重要程度。

（1）目标层 A 判断方阵：

$$\boldsymbol{P}_A=(u_{p_1,p_2})_{n_A\times n_A}\quad(p_1,p_2=1,2,\cdots,n_A) \tag{5-11}$$

式中　$\boldsymbol{P}_A$——目标层 A 判断方阵，无量纲；

n_A——准则数，无量纲；

p_1，p_2——准则号，无量纲；

u_{p_1,p_2}——第 p_1 准则对第 p_2 准则的标度，其含义见表 5-3。

表 5-3　判断方阵标度含义

标度	含　义
1	某行指标与某列指标相比，同等重要
3	某行指标与某列指标相比，略重要
5	某行指标与某列指标相比，较重要
7	某行指标与某列指标相比，非常重要
9	某行指标与某列指标相比，绝对重要
2，4，6，8	上述两相邻判断的中值
倒数	某行指标与某列指标比较结果的反值

（2）第 p 准则判断方阵：

$$\boldsymbol{P}_{B_p}=(u_{i_1,i_2})_{n_{Bp}\times n_{Bp}}\quad(i_1,i_2=1,2,\cdots,n_{B_p}) \tag{5-12}$$

式中　$\boldsymbol{P}_{B_p}$——第 p 准则判断方阵，无量纲；

p——准则号，无量纲；

i_1，i_2——第 p 准则的指标号，无量纲；

n_{B_p}——第 p 准则的指标数，无量纲；

u_{i_1,i_2}——第 i_1 指标对第 i_2 指标的标度。

（3）判断方阵一致性检验。首先，计算一般一致性指标 CI：

$$CI=\frac{\lambda_{\max}-n}{n-1} \tag{5-13}$$

式中　n——判断方阵的阶数；

$\lambda_{\max}$——判断方阵的最大特征值。

然后，查找对应的平均随机一致性指标 RI，见表 5-4。

表 5-4　　平均随机一致性指标（*RI*）取值表

指标判断方阵的阶数	1	2	3	4	5	6	7	8	9
平均随机一致性指标值	0	0	0.58	0.90	1.12	1.24	1.32	1.41	1.45

最后，计算随机一致性概率 CR：

$$CR=\frac{CI}{RI} \tag{5-14}$$

当 $CR<0.10$ 时，判断方阵通过一致性检验；否则，就要修改判断方阵直到通过检验。

5.2.1.4　计算权向量

采用层次单排序法，分为三部分。

（1）目标层 A 的权向量：

$$\boldsymbol{\omega}_A=(\omega_{A_p})_{n_A\times 1}\quad (p=1,2,\cdots,n_A) \tag{5-15}$$

满足

$$\sum_{p=1}^{n_A}\omega_{A_p}=1$$

其中，ω_{A_p} 为目标层 A 的第 p 准则的权重，无量纲，其计算又分为两步：

$$\omega_{A_p} = \sqrt[n_A]{\prod_{p_2=1}^{n_A} u_{p_1,p_2}} \quad (p_1, p_2 = 1, 2, \cdots, n_A) \tag{5-16}$$

$$\omega_{A_p} = \frac{\omega_{A_p}}{\sum_{p=1}^{n_A} \omega_{A_p}} \tag{5-17}$$

式中　p，p_1，p_2——准则号，无量纲；

n_A——准则数，无量纲；

u_{p_1,p_2}——第 p_1 准则对第 p_2 准则的标度，无量纲。

（2）第 p 准则的权向量：

$$\boldsymbol{\omega}_{B_p} = (\omega_{B_{p_i}})_{n_{B_p} \times 1} \quad (p = 1, 2, \cdots, n_A) \tag{5-18}$$

满足

$$\sum_{i=1}^{n_{B_p}} \omega_{B_{p_i}} = 1$$

式中　i——指标在第 p 准则中的序号，无量纲；

n_{B_p}——第 p 准则的指标数，无量纲；

$\omega_{B_{p_i}}$——第 p 准则的第 i 指标的权重，无量纲。

（3）指标权向量：

$$\boldsymbol{\omega} = (\omega_i)_{m \times 1} = (\omega_{A_p} \omega_{B_{p_i}})_{m \times 1} \quad (i = 1, 2, \cdots, m) \tag{5-19}$$

满足

$$m = \sum_{p=1}^{n_A} n_{B_p}$$

式中　m——指标总数，无量纲；

ω_i——目标层 A 的第 i 指标的权重，无量纲；

ω_{A_p}——目标层 A 的第 p 准则的权重，无量纲。

5.2.2　结果分析

5.2.2.1　指标值矩阵

针对 4 种枯水期失能情景和 2 种丰水期失能情景，计算的西江流域水库应急调度方案评价指标值见表 5－5。

表 5-5 西江流域水库应急调度方案评价指标值

情景		枯水期（2013 年 4 月 1—10 日）												丰水期（2014 年 9 月 17—26 日）					
		天一水库只蓄			天一水库只泄			光照水库只蓄			光照水库只泄			天一水库只泄			光照水库只泄		
方案		1	2	3	1	2	3	1	2	3	1	2	3	1	2	3	1	2	3
指标	C_1	0	0	0	0	0	0	0	0	0	0	0	0	0	0.17	0.23	0	0	0
	C_2	1.80	1.09	1.13	1.56	1.04	1.06	2.31	1.35	1.18	2.07	1.27	1.13	1.47	1.46	1.91	1.25	1.61	2.13
	C_3	0.33	0.33	0	0.33	0.33	0	0.33	0.33	0	0.33	0.33	0	0.23	0.23	0.23	0.13	0.13	0.13
	C_4	0	0.09	0.11	0	0.07	0.08	0	0.08	0.13	0	0.07	0.11	0.02	0.04	0.06	0	0.02	0.12
	C_5	0	0.12	0.14	0	0.12	0.14	0	0.13	0.20	0	0.11	0.17	0.06	0.10	0.16	0.04	0.18	0.32
	C_6	0.83	0.74	0.72	0.83	0.74	0.72	0.77	0.69	0.64	0.78	0.71	0.67	1.58	1.56	1.53	1.83	1.72	1.61
	C_7	0	0.07	0.09	0	0.05	0.06	0.02	0.10	0.13	0.02	0.08	0.11	0	0.01	0.05	0	0	0.04
	C_8	0.67	0.67	0.67	1.0	1.0	1.0	0.67	0.67	0.67	1.0	1.0	1.0	1.0	1.0	1.0	1.0	1.0	1.0
	C_9	38.91	29.81	28.16	40.95	34.23	33.01	55.87	41.64	34.16	54.45	42.43	36.10	125.76	110.26	94.76	140.24	132.60	124.97

5.2.2.2　判断方阵

同一失能情景下不同方案的某一评价指标值相等时，需要删掉该指标，根据余下的指标进行方案优选。经删除计算值相等的指标后，确定枯水期天一水库只蓄、天一水库只泄、光照水库只蓄、光照水库只泄 4 种失能情景的评价指标为 C_2、C_3、C_4、C_5、C_6、C_7 和 C_9；丰水期天一水库只泄失能情景的指标为 C_1、C_2、C_4、C_5、C_6、C_7 和 C_9；丰水期天一水库只泄失能情景的指标为 C_2、C_4、C_5、C_6、C_7 和 C_9。

将各失能情景的评价指标体系与表 5－2 对比，可知各情景评价体系目标层 A 的判断方阵保持不变。采用专家调查法，获得西江流域水库各失能情景的应急调度方案评价目标层（A）的判断方阵为

$$\boldsymbol{U}_A=\begin{bmatrix}1 & 1/2 & 4 & 2\\ 2 & 1 & 5 & 3\\ 1/4 & 1/5 & 1 & 1/3\\ 1/2 & 1/3 & 3 & 1\end{bmatrix}$$

对于枯水期天一水库只蓄失能情景，水库安全准则层（B_1）和生态准则层（B_4）均只有 1 项指标，故只需计算供水准则层（B_2）和发电准则层（B_3）的权重，其判断方阵分别为

$$\boldsymbol{U}_{B_2}=\begin{bmatrix}1 & 3 & 3\\ 1/3 & 1 & 1\\ 1/3 & 1 & 1\end{bmatrix}$$

$$\boldsymbol{U}_{B_3}=\begin{bmatrix}1 & 5\\ 1/5 & 1\end{bmatrix}$$

计算三阶及以上判断方阵的随机一致性指标值，结果均小于 0.1。通过一致性检验，说明基于上述判断方阵所计算的各权向量是合理的。

5.2.2.3　权向量

对于枯水期天一水库只蓄失能情景，计算得到的应急调度方案

评价准则和指标权重值，见表 5-6。由表 5-6 可知，评价该情景应急调度方案的最重要指标为最大水位变幅比（C_2）、供水保证率（C_3）和生态流量满足度（C_9）。

表 5-6　枯水期天一水库只蓄失能情景应急调度方案评价准则和指标权重值

准则层（B）	在目标层的权重	指标层（C）	在准则层的权重	在目标层的权重
水库安全（B_1）	0.2854	最大水位变幅比（C_2）	1	0.2854
供水（B_2）	0.4723	供水保证率（C_3）	0.6000	0.2834
		供水脆弱度（C_4）	0.2000	0.0945
		最大缺水率（C_5）	0.2000	0.0945
发电（B_3）	0.0725	最小出力比（C_6）	0.8333	0.0604
		发电量比（C_7）	0.1667	0.0121
生态（B_4）	0.1697	生态流量满足度（C_9）	1	0.1697

其他 5 种情景的判断方阵和权向量，在此不作赘述。

5.3 基于模糊优选法的方案评价

5.3.1 计算方法

模糊优选法（Fuzzy Optimization）的应用较为成熟，其计算一般包括 6 个步骤：计算指标值矩阵、计算归一化值矩阵、计算权向量、计算优等方案隶属度矩阵、方案优劣排序、敏感性分析。

（1）计算指标值矩阵。采用式（5-1）～式（5-10）计算指标值矩阵。

（2）计算归一化值矩阵。删除指标值相等的指标后，对各指标值进行归一化，其目的是消除各指标量纲不同的影响。指标值矩阵 $\boldsymbol{X}$ 的归一化值矩阵为

$$\boldsymbol{R}=(r_{i,j})_{m\times n}\quad(i=1,2,\cdots,m;j=1,2,\cdots n)\tag{5-20}$$

式中　i——指标号，无量纲；

j——方案序号，无量纲；

m——指标总数，无量纲；

n——方案总数，无量纲；

$r_{i,j}$——第 j 方案的第 i 指标的归一化值，无量纲。

不同类型指标的归一化计算公式为

$$r_{i,j}=\begin{cases}\dfrac{x_{i,j}-\wedge_{j=1}^{n}x_{i,j}}{\vee_{j=1}^{n}x_{i,j}-\wedge_{j=1}^{n}x_{i,j}} & i\in I_l\\ \dfrac{\vee_{j=1}^{n}x_{i,j}-x_{i,j}}{\vee_{j=1}^{n}x_{i,j}-\wedge_{j=1}^{n}x_{i,j}} & i\in I_s\\ 1-\left|\dfrac{x_{i,j}-v_i}{\vee_{j=1}^{n}x_{i,j}-\wedge_{j=1}^{n}x_{i,j}}\right| & i\in I_c\end{cases} \tag{5-21}$$

式中　$x_{i,j}$——第 j 方案的第 i 指标的归一化值，无量纲；

I_l——越大越优型指标的序号集合；

I_s——越小越优型指标的序号集合；

I_c——适度中间型指标的序号集合，对于表 5-2 中指标，$I_c=\phi$；

v_i——第 i 指标（属于适度中间型）的理想值。

（3）计算权向量。采用式（5-11）~式（5-19）计算权向量。

（4）计算优等方案隶属度矩阵。当采用单层指标体系评价方案时，各方案对优等方案的隶属度行向量为

$$\boldsymbol{G}=(g_j)_{1\times n}\quad(j=1,2,\cdots n;0\leqslant g_j\leqslant 1) \tag{5-22}$$

式中　g_j——第 j 方案对优等方案的隶属度，无量纲。

唐健等（2005）推导了 g_j 最优值计算模型，此处仅给出推导结果：

$$g_j^{*}=\frac{1}{1+\left\{\dfrac{\sum_{i=1}^{m}\left[\omega_i(r_{i,j}-\vee_{j=1}^{n}r_{i,j})\right]^p}{\sum_{i=1}^{m}\left[\omega_i(r_{i,j}-\wedge_{j=1}^{n}r_{i,j})\right]^p}\right\}^{\frac{2}{p}}}\quad(j=1,2,\cdots,n) \tag{5-23}$$

式中 ω_i——第 i 指标（在目标层）的权重，无量纲；

g_j^*——第 j 方案对于优等方案的隶属度的最优值，无量纲；

p——广义距离的参数。

一般取 $p=2$，即广义欧式距离，此时，g_j^* 可简化为

$$g_j^* = \frac{1}{1+\dfrac{\sum_{i=1}^{m}[\omega_i(r_{i,j} - \vee_{j=1}^{n} r_{i,j})]^2}{\sum_{i=1}^{m}[\omega_i(r_{i,j} - \wedge_{j=1}^{n} r_{i,j})]^2}} \quad (j=1,2,\cdots,n) \tag{5-24}$$

当采用多层指标体系评价多个方案时，设指标集 $\boldsymbol{M}$ 包含 n_A 个准则，第 p 准则包含 n_{B_p} 个指标，且 $\boldsymbol{M}$ 的各指标均不重复。

目标层优等方案隶属度行向量为

$$\boldsymbol{S}=(s_j)_{1\times n_A} \quad (j=1,2,\cdots n;0\leqslant s_j\leqslant 1) \tag{5-25}$$

式中 s_j——第 j 方案对目标层优等方案的隶属度，无量纲。

唐健等（2005）推导了 s_j 最优值计算模型，此处仅给出推导结果：

$$s_j^* = \frac{1}{1+\dfrac{\sum_{p=1}^{n_A}[\omega_{A_p}(g_{p_j}^* - \vee_{j=1}^{n} g_{p_j}^*)]^2}{\sum_{p=1}^{n_A}[\omega_{A_p}(g_{p_j}^* - \wedge_{j=1}^{n} g_{p_j}^*)]^2}} \quad (j=1,2,\cdots,n) \tag{5-26}$$

式中 s_j^*——第 j 方案对目标层优等方案隶属度的最优值，无量纲；

$g_{p_j}^*$——第 j 方案对第 p 准则的优等方案隶属度最优值，无量纲。$g_{p_j}^*$ 计算公式为

$$g_{p_j}^{*}=\frac{1}{1+\dfrac{\sum_{i_p=1}^{n_{B_p}}[\omega_{B_{p_{i_p}}}(r_{i_p,j}-\vee_{j=1}^{n}r_{i_p,j})]^2}{\sum_{i_p=1}^{n_{B_p}}[\omega_{B_{p_{i_p}}}(r_{i_p,j}-\wedge_{j=1}^{n}r_{i_p,j})]^2}}\quad(p=1,2,\cdots,n_A;j=1,2,\cdots,n)\tag{5-27}$$

式中　i——指标在第 p 准则中的序号，无量纲。

(5) 方案优劣排序。根据 s_j^*（$j=1,2,\cdots,n$）的大小，确定最终优选结果。

(6) 敏感性分析。决策结果稳定性指决策信息的变化对方案排序结果的影响程度，一般用指标权重或指标值的灵敏度表征，灵敏度低代表结果稳定。

5.3.2　结果分析

5.3.2.1　归一化值矩阵

6 种失能情景应急调度方案评价的指标归一化值见表 5-7～表 5-12。

表 5-7　　枯水期天一水库只蓄失能情景应急调度方案评价指标的归一化值

方案（j）	1	2	3
最大水位变幅比（C_2）	0	1	0.9469
供水保证率（C_3）	1	1	0
供水脆弱度（C_4）	1	0.1538	0
最大缺水率（C_5）	1	0.1538	0
最小出力比（C_6）	1	0.1596	0
发电量比（C_7）	1	0.1585	0
生态流量满足度（C_9）	1	0.1538	0

表 5-8　　枯水期天一水库只泄失能情景应急调度方案评价指标的归一化值

方案（j）	1	2	3
最大水位变幅比（C_2）	0	1	0.9467
供水保证率（C_3）	1	1	0
供水脆弱度（C_4）	1	0.1538	0
最大缺水率（C_5）	1	0.1538	0
最小出力比（C_6）	1	0.1689	0
发电量比（C_7）	1	0.1573	0
生态流量满足度（C_9）	1	0.1538	0

表 5-9　　枯水期光照水库只蓄失能情景应急调度方案评价指标的归一化值

方案（j）	1	2	3
最大水位变幅比（C_2）	0	0.8521	1
供水保证率（C_3）	1	1	0
供水脆弱度（C_4）	1	0.3448	0
最大缺水率（C_5）	1	0.3448	0
最小出力比（C_6）	1	0.3467	0
发电量比（C_7）	1	0.3495	0
生态流量满足度（C_9）	1	0.3448	0

表 5-10　　枯水期光照水库只泄失能情景应急调度方案评价指标的归一化值

方案（j）	1	2	3
最大水位变幅比（C_2）	0	0.8561	1
供水保证率（C_3）	1	1	0
供水脆弱度（C_4）	1	0.3448	0
最大缺水率（C_5）	1	0.3449	0
最小出力比（C_6）	1	0.3464	0

续表

方案（j）	1	2	3
发电量比（C_7）	1	0.3487	0
生态流量满足度（C_9）	1	0.3448	0

表 5-11　丰水期天一水库只泄失能情景应急调度方案评价指标的归一化值

方案（j）	1	2	3
超校核水位历时比（C_1）	1	0.2857	0
最大水位变幅比（C_2）	0.8608	1	0
供水脆弱度（C_4）	1	0.5488	0
最大缺水率（C_5）	1	0.6248	0
最小出力比（C_6）	1	0.5009	0
发电量比（C_7）	1	0.5333	0
生态流量满足度（C_9）	1	0.5000	0

表 5-12　丰水期光照水库只泄失能情景应急调度方案评价指标的归一化值

方案（j）	1	2	3
最大水位变幅比（C_2）	1	0.6427	0
供水脆弱度（C_4）	1	0.5240	0
最大缺水率（C_5）	1	0.5000	0
最小出力比（C_6）	1	0.5022	0
发电量比（C_7）	1	0.6789	0
生态流量满足度（C_9）	1	0.5000	0

5.3.2.2　优等方案隶属度矩阵与方案排序

西江流域水库失能应急调度方案模糊优选评价隶属度计算值见表 5-13。分析可知：对于供水、发电和生态准则，各情景的方案 1 最优，即单库失能时，应急调度的优先对象是该失能水库的并联水库；对于应急调度目标层，枯水期各情景的方案 2（光照和龙滩

表 5-13　　西江流域水库失能应急调度方案模糊优选评价隶属度计算值

情景	枯水期（2013 年 4 月 1—10 日）												丰水期（2014 年 9 月 17—26 日）					
	天一水库只蓄			天一水库只泄			光照水库只蓄			光照水库只泄			天一水库只泄			光照水库只泄		
方案（j）	1	2	3	1	2	3	1	2	3	1	2	3	1	2	3	1	2	3
g_{1j}^*	0	1	0.997	0	1	0.997	0	0.97	1	0	0.97	1	0.98	0.95	0	1	0.76	0
g_{2j}^*	1	0.86	0	1	0.86	0	1	0.92	0	1	0.92	0	1	0.67	0	1	0.52	0
g_{3j}^*	1	0.03	0	1	0.04	0	1	0.22	0	1	0.22	0	1	0.50	0	1	0.52	0
g_{4j}^*	1	0.03	0	1	0.03	0	1	0.22	0	1	0.22	0	1	0.50	0	1	0.50	0
s_j^*	0.76	0.87	0.24	0.76	0.87	0.24	0.76	0.92	0.24	0.76	0.92	0.24	1	0.84	0	1	0.65	0
排序	2	1	3	2	1	3	2	1	3	2	1	3	1	2	3	1	2	3

注　g_{pj}^* 为第 j 方案对第 p 准则的优等方案隶属度最优值，s_j^* 为第 j 方案对目标层优等方案隶属度的最优值。

两库按照两库的调节库容之比，共同补偿失能水库出库流量的增减量）最优，丰水期各情景的方案 1（失能水库的并联水库如常泄水）最优。

5.3.2.3　敏感性分析

方案排序的敏感性分析结果（略）表明：评价指标权重在较小范围波动（±5%以内）时，各方案的隶属优度值变化小，即模糊优选法的方案排序结果对权重的小范围变动具有良好的稳定性。

5.4　基于非负矩阵分解评价模型的方案评价

5.4.1　计算方法

非负矩阵分解方法将一个非负矩阵 $V_{m\times n}$ 分解为一个基向量 $\boldsymbol{W}=(w_i)_{m\times 1}$ 和一个权向量 $\boldsymbol{H}=(h_j)_{1\times n}$（Lee，et al.，1999；Lin，2014；任梦之等，2020），$\boldsymbol{W}$ 和 $\boldsymbol{H}$ 分别用来衡量各项指标和判断方案的优劣。它包括 5 个步骤：计算指标值矩阵、计算归一化值矩阵、分解非负矩阵、判断分解偏度和方案排序。

（1）计算指标值矩阵。采用式（5－1）～式（5－10）计算指标值矩阵。

（2）计算归一化值矩阵。

采用式（5－20）和式（5－21）计算归一化值矩阵。

（3）分解非负矩阵

采用优化算法对归一化值矩阵进行分解，优化模型如下：

$$\min f=\frac{\sqrt{\sum_{i=1}^{n}\sum_{j=1}^{m}(r_{i,j}-w_ih_j)^2}}{\sum_{i=1}^{n}\sum_{j=1}^{m}r_{i,j}} \tag{5-28}$$

式中　f——非负矩阵分解偏度，为正数；

$r_{i,j}$——归一化值矩阵 $\boldsymbol{R}$ 的第 i 行、第 j 列的元素值，无量纲。

表 5-14 西江流域水库失能应急调度方案的非负矩阵分解权向量值及方案排序

情景	枯水期（2013 年 4 月 1—10 日）												丰水期（2014 年 9 月 17—26 日）					
	天一水库只蓄			天一水库只泄			光照水库只蓄			光照水库只泄			天一水库只泄			光照水库只泄		
方案（j）	1	2	3	1	2	3	1	2	3	1	2	3	1	2	3	1	2	3
分解偏度（f）	0.2369			0.2364			0.1745			0.1749			0.0244			0.0027		
基向量（W）	0.3480			0.1543			0.3763			0.6177			0.1136			0.5947		
	1.0535			0.4658			1.0888			1.7783			0.1413			0.5656		
	0.7984			0.3527			0.8382			1.3687			0.1288			0.5598		
	0.7984			0.3527			0.8382			1.3687			0.1332			0.5603		
	0.3001			0.3547			0.8389			1.3697			0.1260			0.6036		
	0.7998			0.3532			0.8400			1.3711			0.1279			0.5598		
	0.7984			0.3527			0.8382			1.3687			0.1260					
权向量（H）	1.14	0.46	0.07	2.58	1.04	0.17	1.09	0.59	0.08	0.67	0.36	0.05	7.61	4.53	0.00	1.74	0.98	0.00
排序	1	2	3	1	2	3	1	2	3	1	2	3	1	2	3	1	2	3

约束条件
$$\sum_{i=1}^{m} w_i^2 = 1; v_i \geqslant 0; h_j \geqslant 0 \tag{5-29}$$

约束条件是为了保证非负矩阵的最大近似分解的唯一性。

（4）判断分解偏度。若分解偏度 $f<0.5$，执行（5），否则执行（3）～（4）。

（5）方案排序。非负矩阵分解的权向量 $\boldsymbol{H}$ 表示各方案的评分，该数值越大代表方案越优。

5.4.2　结果分析

西江流域水库失能应急调度方案的非负矩阵分解权向量值及方案排序，见表 5-14。由该表 5-14 可知，对于各情景，均存在方案 1 优于方案 2，方案 2 优于方案 3。

5.5　基于投影寻踪评价模型的方案评价

5.5.1　计算方法

投影寻踪评价模型能在一定程度上解决样本多指标的非线性问题（付强等，2003；任梦之等，2020；金菊良等，2021）。建模包括 5 个步骤：计算指标值矩阵、计算归一化值矩阵、构造投影指标函数、优化投影指标函数和建立评价模型。

（1）计算指标值矩阵。采用式（5-1）～式（5-10）计算指标值矩阵。

（2）计算归一化值矩阵。采用式（5-20）和式（5-21）计算归一化值矩阵。

（3）构造投影指标函数。将 m 维数据 $\{x_{i,j} \mid i=1,\cdots,m, j=1,\cdots,n\}$（$m$ 为指标数，n 为方案数）分解成以 $\{a_i \mid i=1,\cdots,m\}$ 为投影方向的一维向量值，向量对应 n 个方案。

$$z_j = \sum_{i=1}^{m} a_i x_{i,j} \tag{5-30}$$

表 5-15　基于投影寻踪模型的各情景应急调度方案评价结果

情景	枯水期												丰水期					
	天一水库只蓄			天一水库只泄			光照水库只蓄			光照水库只泄			天一水库只泄			光照水库只泄		
方案（j）	1	2	3	1	2	3	1	2	3	1	2	3	1	2	3	1	2	3
最佳投影方向（a_i）	0.5181			0.3933			0.3925			0.4040			0.3730			0.4098		
	0.2568			0.2795			0.3464			0.3457			0.3556			0.4065		
	0.3755			0.3951			0.3807			0.3791			0.3821			0.4066		
	0.3729			0.3908			0.3804			0.3813			0.3916			0.4073		
	0.3504			0.3917			0.3798			0.3787			0.3873			0.4113		
	0.3548			0.3920			0.3810			0.3779			0.3745			0.4082		
	0.3706			0.3893			0.3837			0.3775			0.3809					
投影值（b）	2.08	1.06	0.49	2.24	0.98	0.37	2.25	1.34	0.39	2.24	1.35	0.40	2.59	1.50	0	2.45	1.37	0
排序	1	2	3	1	2	3	1	2	3	1	2	3	1	2	3	1	2	3

式中　a_i——投影方向；

$x_{i,j}$——第 j 个方案的第 i 个评价指标值；

z_j——第 j 个方案的投影值，在整体上应尽量散开分布。

可构造投影指标函数为

$$Q_a = S_a D_a \tag{5-31}$$

式中　S_a——投影值的标准差；

D_a——投影值的局部密度。

（4）优化投影指标函数。Q_a 随投影方向的变化而变化，估计最佳投影方向的优化模型：

$$\max Q_a = S_a D_a \tag{5-32}$$

约束条件

$$\sum_{i=1}^{m} a_i^2 = 1 \tag{5-33}$$

（5）建立评价模型。

将求得的 $\{a_i | i=1,\cdots,m\}$ 代入式（5-30）求得 z_j。两个方案的该值越接近，说明越倾向于同一类。通过比较最佳投影值 z_j^* 的大小，即可判断方案的优劣。

5.5.2　结果分析

建立基于遗传算法的投影寻踪模型，得到最佳投影方向和相应的投影值，见表 5-15，可知：对于各失能情景，方案 1 均优于方案 2，方案 2 均优于方案 3。

5.6　多评价模型计算结果一致性分析

5.6.1　计算方法

模糊优选、非负矩阵分解和投影寻踪三种评价模型的原理不同，评价结果可能不同。因此，需要进行多模型评价结果一致性分析，从而判断各模型评价结果的合理性。

某两种模型对各方案评价结果的一致性指标，计算公式为

$$C_2(k,l)=\frac{\sum_{j=1}^{N}\mu_j}{N} \tag{5-34}$$

式中　j——方案号，无量纲；

N——方案数，无量纲；

$C_2(k,\ l)$——模型 k 与模型 l 评价结果的一致程度，当 $k=l$ 时，$C_2(k,l)=1$；

μ_j——模型 k 与模型 l 对方案 j 排序的一致性判断指标。

μ_j 计算公式为

$$\mu_j=\begin{cases}1 & (I_k=I_l)\\ 0.5 & (0<|I_k-I_l|\leqslant 1)\\ 0 & (|I_k-I_l|>1)\end{cases} \tag{5-35}$$

式中　I_k、I_l——模型 k、模型 l 对方案 j 的排序。

多种模型对各方案的评价结果的一致性指标，计算公式为

$$C=\frac{\sum_{k=1}^{N}\sum_{l=1}^{N}C_2(k,l)-N}{N(N-1)} \tag{5-36}$$

当 $C=0$ 时，表示各模型评价结果完全矛盾；当 $0<C<0.5$ 时，表示各模型评价结果显著矛盾；当 $0.5\leqslant C<1$ 时，表示各模型评价结果基本一致；当 $C=1$ 时，表示各模型评价结果完全一致。当 $C>0.5$ 时，可采用序号总和理论（吴春平等，2012）对各方案进行优劣排序。

5.6.2　结果分析

根据三种评价模型的计算结果，得到各情景水库应急调度方案的优劣排序，再依据序号总和理论得出最终排序结果，见表 5-16。此外，对三种模型评价结果进行一致性分析，结果见表 5-17，可知枯水期各模型评价结果基本一致，丰水期各模型评价结果完全一致。因此，表 5-16 中根据序号总和理论得出的各情景最终排序结

果合理。

表 5-16　　各情景应急调度方案评价排序结果

情　景	枯　水　期												丰　水　期					
	天一水库只蓄			天一水库只泄			光照水库只蓄			光照水库只泄			天一水库只泄			光照水库只泄		
方案（j）	1	2	3	1	2	3	1	2	3	1	2	3	1	2	3	1	2	3
模糊优选排序	2	1	3	2	1	3	2	1	3	2	1	3	1	2	3	1	2	3
非负矩阵分解排序	1	2	3	1	2	3	1	2	3	1	2	3	1	2	3	1	2	3
投影寻踪排序	1	2	3	1	2	3	1	2	3	1	2	3	1	2	3	1	2	3
序号总和排序	1	2	3	1	2	3	1	2	3	1	2	3	1	2	3	1	2	3

表 5-17　　多评价模型结果一致性指标计算结果

一致性指标	枯　水　期				丰　水　期	
	天一水库只蓄	天一水库只泄	光照水库只蓄	光照水库只泄	天一水库只泄	光照水库只泄
$C_2(1,2)$	0.67	0.67	0.67	0.67	1	1
$C_2(2,3)$	1	1	1	1	1	1
$C_2(1,3)$	0.67	0.67	0.67	0.67	1	1
C	0.78	0.78	0.78	0.78	1	1

综上所述，对于 6 种水库失能情景，应急调度方案 1 都是最优的。西江流域水库失能情景的应急调度最优方案，见表 5-18。

表 5-18　西江流域水库失能情景的应急调度最优方案

时期	失能事件	应急调度方案
枯水期	天一水库只蓄/泄	光照补偿天一出库流量减少量的 100%
	光照水库只蓄/泄	天一补偿光照出库流量减少量的 100%
丰水期	天一水库只泄	光照出库流量等于历史值
	光照水库只泄	天一出库流量等于历史值

思 考 题

1. 阐述进行水库失能应急调度方案评价的一般流程。

2. 层次分析法、模糊优选法、非负矩阵分解法和投影寻踪评价模型的主要内容是什么？分别包含哪些步骤？阐述每个步骤的目的，以及各方法的区别和联系。

3. 对多个评价模型的结果进行一致性分析的意义是什么？

4. 当多个模型的评价结果通过一致性检验时，如何得到各方案的最终排序结果？

5. 结合水库失能应急调度方案评价理论与方法，逐行解释附录 C. 1 中的代码；试基于附录 C 的 MATLAB 源代码，编写代码对某一方案集进行评价。

第6章 结论与展望

6.1 结论

本书以西江流域突发事件为研究对象，分析了国内外研究进展，构建了流域突发事件水库应急调度研究技术体系，研究了突发水污染和水库失能的水库应急调度问题，并重点对水库失能应急调度方案进行了评价。

本书针对西江流域突发事件的特点，建立了一套突发事件水库应急调度技术体系。统计识别了突发水污染、水库失能、旱涝急转、咸潮入侵、极端洪涝和极端干旱等六类涉水突发事件；确定了西江流域应急水源，介绍了其基本特性、相关参数和蓄水量；提出了水库应急调度基本原则；阐述了西江流域涉水突发事件应急管理程序。

针对西江流域突发水污染情况，进行了突发水污染水库应急调度研究。介绍了河流二维水质模型的理论方程和河流水质二维模型EIAW 1.1的输入数据；阐述了应急调度目标与基本假设；设置了多种突发水污染情景，分别开展了南盘江突发水污染的天一水库应急调度研究，以及红水河突发水污染的龙滩水库应急调度研究。结果表明：当污水偷排流量一定时，稀释达标耗时越小，所需的应急流量越大、应急水量越小；当稀释达标耗时一定时，偷排流量越大，所需的应急流量和应急水量越大；各方案所需的应急水量均小于应急水库的调节库容，故水量上均可行。

针对西江流域可能出现的多种水库失能情景及与突发水污染的

组合情景，模拟了水库失能应急调度过程。在对各类水库失能情景进行数学表达的基础上，设置了多种应急调度方案集；阐述了构成水库失能应急调度模型的目标函数、约束条件、求解算法、输入与输出等要素；模拟演算各水库失能应急调度情景下各方案的水库运行过程；模拟与分析了突发水污染与水库失能组合情景的应急调度。结果表明：与单库失能情景对比，两库失能情景总是对西江水库群调度更不利；各应急方案均能保证龙滩出库流量等于其历史值；枯水期全部情景和丰水期两库只泄情景的应急方案的水库水位保持在安全范围，丰水期其他失能情景的水库水位可能超过校核洪水位；各组合情景的应急调度方案，均能同时满足突发水污染和水库失能的水量调度需求，且水库水位保持在安全范围内。

针对西江流域水库失能应急调度方案，构建了包含水库安全-供水-发电-生态四个子系统的水库失能应急调度方案评价体系。阐述了层次分析法、模糊优选法、非负矩阵分解法和投影寻踪评价法的计算过程，编写了 MATLAB 源代码，对各方案进行了比选，进行了多评价模型计算结果一致性分析。结果表明：对于所有的水库失能情景，方案 1 都是最优方案，即采用上游失事水库的并联水库进行补偿调节是最优方案。

6.2 建议与展望

当前水库应急调度和流域涉水突发事件应急管理体系仍较为薄弱，国内外研究深度略有不足。就本书而言，还可从以下方面进行深入研究。

(1) 应用污染物溯源等技术（雷晓辉等，2017；贡力等，2020），结合污染物实测数据，深入研究西江不同河段、不同污染物的输移降解规律，为提供精细化的河道突发水污染事件的水库应急处置方案奠定科学基础。

(2) 结合本书失能应急调度成果，复核极端水文条件下水库运行应急方案，尝试耦合预报信息进行水库应急调度（钟华昱，2021），从而保障应急调度时的水库群运行安全。

（3）深入研究涝急转旱、咸潮入侵（白涛，2021）、极端洪涝和极端干旱等突发事件，建立对应的水库应急调度模型，揭示流域水量水质变化规律并提出对策，进一步完善水库应急调度理论体系。

（4）搭建流域涉水突发事件应急调控数据平台和应急指挥体系（李红艳等，2017；龙岩等，2020），提升流域涉水突发事件的风险评估、预测和管理的综合水平。

思　考　题

1. 综述本书的主要结论和意义。

2. 未来深入和拓展相关研究内容时，可从哪些方面开展进一步研究？

3. 本书附录中的 MATLAB 代码均基于面向过程编程的思路。探讨采用面向对象编程思路的可行性，并设计程序的基本结构，试采用统一建模语言（Unified Modeling Language，UML）表述。

附录 A　制图的 MATLAB 源代码

附录 A.1　西江流域应急水源（水库）近年的月蓄水量的分布范围

```
fileName={'天一水库 2008 年至 2017 年' '光照水库 2012 年至 2017 年'...
    '龙滩水库 2007 年至 2017 年' '岩滩水库 2007 年至 2017 年'...
    '红花水库 2007 年至 2017 年' '百色水库 2007 年至 2017 年'...
    '西津水库 2007 年至 2017 年' '长洲水库 2008 年至 2017 年'};
nRes=length(fileName);
V=cell(nRes,1);
figure
set(gcf,'Units','centimeters','Position',[30 2 20 25])
for iRes=1:nRes
    V{iRes}=xlsread(['data/monthlyStorage/',fileName{iRes},'月均蓄水量.xlsx']);
    subplot(nRes/2,2,iRes)
    boxplot(V{iRes}(2:end,:)')
    title(fileName{iRes})
    set(gca,'FontSize',10,'FontName','Helvetica')
end
print('monthlyStorage','-dmeta')
```

附录 A.2　南盘江污水偷排情景的河道断面的 BOD 峰值浓度

```
figure
plotConcentration('南盘江污水偷排情景天一水库不同应急流量的河道各断面的 BOD
```

```
峰值浓度')
    function plotConcentration(A)
    B=xlsread([A,'.xlsx']);
    scenario=B(1,:);
    scenario(isnan(scenario))=[];
    nScen=length(scenario);
    Q=cell(nScen,1);
    C=cell(1,nScen);
    colScen=find(~isnan(B(1,:)));
    for iScen=1:nScen-1
        Q{iScen}=B(3,colScen(iScen):colScen(iScen + 1)-1);
        C{iScen}=B(4:end,colScen(iScen):colScen(iScen + 1)-1);
    end
    Q{nScen}=B(3,colScen(nScen):end);
    C{nScen}=B(4:end,colScen(nScen):end);
    t=tiledlayout(5,1,'TileSpacing','Compact');
    clim=[0 scenario(end)];
    for iScen=1:length(scenario)
        nexttile
        imagesc(C{iScen}',clim)
        colormap(jet)
        if iScen==1
            colorbar('northoutside')
            text(35,-0.9,'BOD 浓度(mg/L)','FontSize',9)
        end
        yticks(1:length(Q{iScen}))
        yticklabels(Q{iScen})
    end
    xlabel(t,'断面编号(N)','FontSize',9)
    ylabel(t,'龙滩水库应急流量(m^3/s)','FontSize',9)
    set(gcf,'Units','centimeters','Position',[30 2 18 25])
    end
```

附录 A.3 南盘江污水偷排情景的耗时、应急流量与水量

```
figure
plotDuration('南盘江污水偷排情景天一水库应急调度方案的稀释达标耗时.xlsx')
function plotDuration(fileName)
A=table2array(readtable(fileName));
scenario=A(1,:);
scenario(isnan(scenario))=[];
scenario=scenario';
nScen=length(scenario);
discharge=cell(nScen,1);
duration=cell(nScen,1);
volume=cell(nScen,1);
minDischarge=zeros(nScen,1);
minDuration=zeros(nScen,1);
minVolume=zeros(nScen,1);
for iScen=1:nScen
    tempQ=A(3:end,iScen*2-1);
    tempQ(isnan(tempQ))=[];
    discharge{iScen}=tempQ;
    tempT=A(3:end,iScen*2);
    tempT(isnan(tempT))=[];
    duration{iScen}=tempT;
    volume{iScen}=discharge{iScen}.*duration{iScen}.*3600/1e8;
end
tiledlayout(2,1,'TileSpacing','compact','Padding','compact')
nexttile
lineSpec={'ok:' 'sk:' '^k:' 'xk:' '.k:'};
for iScen=1:nScen
    plot(duration{iScen},discharge{iScen},lineSpec{iScen})
    hold on
end
```

```
ylabel('最小应急流量(m^3/s)')
legend({'5m^3/s' '10m^3/s' '15m^3/s' '20m^3/s' '25m^3/s'},...
    'Location','northoutside','Orientation','horizontal')
legend('boxoff')
nexttile
for iScen=1:nScen
    plot(duration{iScen},volume{iScen},lineSpec{iScen})
    hold on
end
xlabel('耗时(hrs)')
ylabel('最小应急水量(m^3)')
hold off
set(gcf,'Units','centimeters','Position',[5 2 13 20])
end
```

附录 A.4　水库失能情景的水库运行状态变量

```
reservoirName={'天一','光照','龙滩'};
nRes=length(reservoirName);
varName={'流量(m^3/s)' '水位(m)' '发电量(10^8 kW·h)'};
nVar=length(varName);
scenTable=readtable('scenCode.txt','ReadVariableNames',false);
scenCell=scenTable{:,1}';
nScen=length(scenCell);
nPlan=scenTable{:,3}';
nPlanCell=num2cell(nPlan);
[e,q,w,z,E,N,Q,W,Z]=...
    cellfun(@loadData,scenCell,nPlanCell,'UniformOutput',false);
newFolder=datestr(now,30);
mkdir(newFolder);
oldFolder=cd(newFolder);
nFig=nScen / 2;
lineName=cell(1,nFig);
a=zeros(1,nFig);
b=zeros(1,nFig);
```

```
nLine=zeros(1,nFig);
nDay=zeros(1,nFig);
for iFig=1:nFig
    a(iFig)=2*iFig-1;
    b(iFig)=2*iFig;
    lineName{iFig}{1}='实测';
    for iPlan=1:nPlan(a(iFig))
        lineName{iFig}{1 + iPlan}=['蓄',num2str(iPlan)];
    end
    for iPlan=1:nPlan(b(iFig))
        lineName{iFig}{1 + nPlan(a(iFig))+ iPlan}=['泄',num2str(iPlan)];
    end
    nLine(iFig)=1 + nPlan(a(iFig))+ nPlan(b(iFig));
    nDay(iFig)=size(q{a(iFig)},1);
end
Y=cell(1,iFig);
YDif=cell(1,iFig);
Esum=cell(1,iFig);
for iFig=1:nFig
    for iVar=1:nVar
        for iRes=1:nRes
            if iVar==1
                x=q;
                X=Q;
            elseif iVar==2
                x=z;
                X=Z;
            else
                x=e;
                X=E;
            end
            Y{iFig}{iVar}{iRes}(:,1)=x{a(iFig)}(1:nDay(iFig),iRes);
            for iPlan=1:nPlan(a(iFig))
                Y{iFig}{iVar}{iRes}(:,1 + iPlan)=...
```

```
                X{a(iFig)}{iPlan}(:,iRes);
            end
            for iPlan=1:nPlan(b(iFig))
                Y{iFig}{iVar}{iRes}(:,1 + nPlan(a(iFig))+ iPlan)=...
                    X{b(iFig)}{iPlan}(:,iRes);
            end
            YDif{iFig}{iVar}{iRes}=...
                Y{iFig}{iVar}{iRes}(:,2:end)-Y{iFig}{iVar}{iRes}(:,1);
        end
    end
    Esum{iFig}=Y{iFig}{3}{1} + Y{iFig}{3}{2} + Y{iFig}{3}{3};
end

%%绘制各情景的各水库的出库流量、水位和发电量的模拟值和实测值序列
figName=cell(1,nFig);
nsf=zeros(1,nFig);
for iFig=1:nFig
    figName{iFig}=[scenCell{a(iFig)},scenCell{b(iFig)}];
    figure('Name',figName{iFig},'visible','on')
    for iVar=1:nVar
        for iRes=1:nRes
            iSub=iRes +(iVar-1) * nVar;
            subplot(nRes,nVar,iSub)
            nsf(iFig)=nPlan(a(iFig));
            plotY(Y{iFig}{iVar}{iRes},nsf(iFig))
            if iRes==1
                ylabel(varName(iVar))
            end
            if iVar==1
                title(reservoirName(iRes))
                if iRes==1
                    legend(lineName{iFig},'Orientation','horizontal',...
                        'Position',[0 0.95 1 0.03])
                    legend('boxoff')
```

```
            end
        elseif iVar==3
            if iRes==2
                xlabel('时段(d)')
            end
        end
        hold on
    end
end
set(gcf,'Units','centimeters','Position',[5 5 20 20])
hold off
saveas(gca,[figName{iFig},'.fig'])

end

%%绘制各情景的各水库的出库流量、水位和发电量的模拟值与实测值之差
varDifName={'流量之差(m^3/s)' '水位之差(m)' '发电量之差(10^8 kW·h)'};
figDifName=cell(1,nFig);
for iFig=1:nFig
    figDifName{iFig}=[scenCell{a(iFig)},scenCell{b(iFig)},'Dif'];
    figure('Name',figDifName{iFig},'visible','on')
    set(gcf,'Units','centimeters','Position',[5 5 20 20])
    for iVar=1:nVar
        for iRes=1:nRes
            iSub=iRes +(iVar-1) * nVar;
            subplot(nRes,nVar,iSub)
            plotY(YDif{iFig}{iVar}{iRes},nsf(iFig))
            if iRes==1
                ylabel(varDifName(iVar))
            end
            if iVar==1
                title(reservoirName(iRes))
                if iRes==1
                    legend(lineName{iFig}(2:end),...
```

```
                    'Orientation','horizontal',...
                    'Position',[0 0.95 1 0.03])
                legend('boxoff')
            end
        elseif iVar==3
            if iRes==2
                xlabel('时段(d)')
            end
        end
        hold on
    end
end
hold off
saveas(gca,[figDifName{iFig},'.fig'])
end

%%分别绘制枯水期和丰水期的天一－光照－龙滩电站群发电量
figEdry='枯水期天一－光照－龙滩电站群发电量';
figure('Name',figEdry,'visible','on')
set(gcf,'Units','centimeters','Position',[5 5 24 16])
for iSub=1:6
    subplot(2,3,iSub)
    switch iSub
        case 1
            plotY(Esum{iSub},nsf(iFig))
            title('a)天一失能情景')
            ylabel('日发电量之和(10^8 kW·h)')
            ylim([0.25 0.6])
            legend(lineName{iSub},'Orientation','horizontal',...
                    'Position',[0 0.96 1 0.03])
            legend('boxoff')
        case 2
            plotY(Esum{iSub},nsf(iFig))
            title('b)光照失能情景')
```

```
            xlabel('时段(d)')
        case 3
            plotY(Esum{iSub},nsf(iFig))
            title('c)两库失能情景')
        case 4
            bar(sum(Esum{iSub－}),'EdgeColor','k','FaceColor',[0.5 0.5 0.5])
            xticklabels(lineName{iSub－3})
            ylabel('应急期总发电量(10^8 kW·h)')
            ylim([3.5 5.5])
        case 5
            bar(sum(Esum{iSub－}),'EdgeColor','k','FaceColor',[0.5 0.5 0.5])
            xticklabels(lineName{iSub－3})
            ylim([3.5 5.5])
        case 6
            bar(sum(Esum{iSub－3}),'EdgeColor','k','FaceColor',[0.5 0.5 0.5])
            xticklabels(lineName{iSub－3})
            ylim([3.5 5.5])
        otherwise
            disp('Plot total electricity of drys wrong.')
    end
end
saveas(gca,[figEdry,'.fig'])
figEwet='丰水期天一－光照－龙滩电站群发电量';
figure('Name',figEwet,'Visible','on')
set(gcf,'Units','centimeters','Position',[5 5 24 16])
for iSub=1:6
    subplot(2,3,iSub)
    switch iSub
        casc 1
            plotY(Esum{iSub+3},nsf(iFig))
            title('a)天一失能情景')
            ylabel('日发电量之和(10^8 kW·h)')
            ylim([0.2 1.8])
            legend(lineName{iSub+3},'Orientation','horizontal',...
```

```
                'Position',[0 0.96 1 0.03])
            legend('boxoff')
        case 2
            plotY(Esum{iSub+3},nsf(iFig))
            title('b)光照失能情景')
            xlabel('时段(d)')
            ylim([0.2 1.8])
        case 3
            plotY(Esum{iSub+3},nsf(iFig))
            title('c)两库失能情景')
        case 4
            bar(sum(Esum{iSub}),'EdgeColor','k','FaceColor',[0.5 0.5 0.5])
            xticklabels(lineName{iSub})
            ylabel('应急期总发电量(10^8 kW·h)')
            ylim([6.5 12.5])
        case 5
            bar(sum(Esum{iSub}),'EdgeColor','k','FaceColor',[0.5 0.5 0.5])
            xticklabels(lineName{iSub})
            ylim([6.5 12.5])
        case 6
            bar(sum(Esum{iSub}),'EdgeColor','k','FaceColor',[0.5 0.5 0.5])
            xticklabels(lineName{iSub})
            ylim([6.5 12.5])
        otherwise
            disp('Plot total electricity of wets wrong.')
    end
end
saveas(gca,[figEwet,'.fig'])
cd(oldFolder);

function plotY(y,ns)
nl=size(y,2);
switch nl
    case 1
```

```
        LINE_SPEC={'ko'};
    case 2
        LINE_SPEC={'bo' 'ro'};
    case 3
        LINE_SPEC={'ko' 'bo' 'ro'};
    case 4
        LINE_SPEC={'bo' 'ro' 'r+' 'rx'};
    case 5
        LINE_SPEC={'ko' 'bo' 'ro' 'r+' 'rx'};
    case 6
        LINE_SPEC={'bo' 'b+' 'bx' 'ro' 'r+' 'rx'};
    case 7
        LINE_SPEC={'ko' 'bo' 'b+' 'bx' 'ro' 'r+' 'rx'};
    otherwise
        disp('plotY wrong! ')
end
if ismember(nl,[1 3 5 7])
    plot(y(:,1),LINE_SPEC{1},'MarkerSize',3)
    hold on
    for iLine=2:1 + ns
        plot(y(:,iLine),LINE_SPEC{iLine},'MarkerSize',6)
        hold on
    end
    for iLine=ns + 2:nl
        plot(y(:,iLine),LINE_SPEC{iLine},'MarkerSize',9)
        hold on
    end
    hold off
else
    for iLine=1:ns
        plot(y(:,iLine),LINE_SPEC{iLine},'MarkerSize',6)
        hold on
    end
    for iLine=ns + 1:nl
```

```
        plot(y(:,iLine),LINE_SPEC{iLine},'MarkerSize',9)
        hold on
    end
    hold off
end
end
```

附录 B　LPA 的 MATLAB 源代码

附录 B.1　主函数 lpa · m

```
function x=lpa(pop,nVar,nObj,lb,ub,generation,poolSize,tour,...
    mu,proCro,mum,proMut,cladogram)
tic
x=initializeVariables(pop,nVar,nObj,lb,ub);
[x,~,~,~]=fastNondominatedSortAndCrowdingDistance(x,nVar,nObj);
for ii=1:generation
    chrPar=tournamentSelection(x,poolSize,tour);
    chrOff=geneticOperator(chrPar,nVar,nObj,mu,proCro,mum,proMut,lb,ub);
    chrParOff=[x(1:pop,1:nVar + nObj);chrOff];
    [male,female]=getMaleFemale(chrParOff,nVar,nObj,mod(ii,2)+ 1,pop);
    if cladogram
        plotSolution(chrParOff,nVar,nObj,mod(ii,2)+ 1,pop);
        axis([0 7 0 7]);
        pause(0.01);
    end
    if  size(male,1)<0.5 * pop
        [chrParOff, ~, ~, ~ ] = fastNondominatedSortAndCrowdingDistance
(...chrParOff,nVar,nObj);
        x=selectPopulationByRankAndDistance(chrParOff,nVar,nObj,pop);
    else
        male(:,nVar + nObj + 1)=1;
        male=getDistance(male,nVar,nObj);
        if size(male,1)<pop
```

```
                [female, ~, ~, ~] = fastNondominatedSortAndCrowdingDistance
(female,nVar,nObj);
                female(:,nVar + nObj + 1)=female(:,nVar + nObj + 1)+ 1;
                x = selectPopulationByRankAndDistance([male; female], nVar, nObj,
pop);
            else
                x=selectPopulationByRankAndDistance(male,nVar,nObj,pop);
            end
        end
        if~mod(ii,10)
            fprintf('%d generations completed\n',ii);
        end
    end
    [x,~,~,~]=fastNondominatedSortAndCrowdingDistance(x,nVar,nObj);
    if cladogram
        plot(x(:,nVar + 1),x(:,nVar + 2),'-or','MarkerFaceColor','r')
    end
    save('lpaResult.mat','x');
    toc;
    end
```

附录 B.2 子函数 initializeVariables.m

```
    function B=initializeVariables(pop,nVar,nObj,lb,ub)
    B=zeros(size(pop,nVar + nObj));
    for iPop=1:pop
        for iVar=1:nVar
            B(iPop,iVar)=lb(iVar)+(ub(iVar)-lb(iVar)) * rand(1);
        end
        B(iPop,nVar + 1:nVar + nObj)=...
            evaluateObjective(B(iPop,:),nObj,nVar);
    end
    end
```

附录 B. 3　子函数 evaluateObjective. m

```
function f=evaluateObjective(x,~,nvar)
f=[];
x=x(:,1:nvar);
f(1)=x(1);
g=1 + 9 * (sum(x)-x(1))/(nvar-1);
f(2)=g * (1-(x(1)/ g)^ 0.5);
end
```

附录 B. 4　子函数 fastNondominatedSortAndCrowdingDistance. m

```
function[B,F,nChrDoms,Domed] = fastNondominatedSortAndCrowdingDistance(A,
nVar,nObj)
nChr=size(A,1);
iF=1;
F(iF).c=[];
%% Get first front
for iChr=1:nChr
    nChrDoms(iChr)=0;
    Domed(iChr).c=[];
    for jChr=1:nChr
        less=0;
        equal=0;
        greater=0;
        for kObj=1:nObj
            if A(iChr,nVar+kObj)<A(jChr,nVar + kObj)
                less=less + 1;
            elseif A(iChr,nVar + kObj)==A(jChr,nVar + kObj)
                equal=equal + 1;
            else
```

```
                    greater=greater + 1;
                end
            end
            if less==0 && equal~=nObj
                nChrDoms(iChr)=nChrDoms(iChr)+ 1;
            elseif greater==0 && equal~=nObj
                Domed(iChr).c=[Domed(iChr).c jChr];
            end
        end
        if nChrDoms(iChr)==0
            A(iChr,nVar + nObj + 1)=1;
            F(iF).c=[F(iF).c iChr];
        end
    end
    %% Get subsequent fronts
    while~isempty(F(iF).c)
        nextF=[];
        for p=1:length(F(iF).c)
            if~isempty(Domed(F(iF).c(p)).c)
                for q=1:length(Domed(F(iF).c(p)).c)
                    nChrDoms(Domed(F(iF).c(p)).c(q))=nChrDoms(Domed(F(iF)
.c(p)).c(q))-1;
                    if nChrDoms(Domed(F(iF).c(p)).c(q))==0
                      A(Domed(F(iF).c(p)).c(q),nVar + nObj + 1)=iF + 1;
                        nextF=[nextF,Domed(F(iF).c(p)).c(q)];
                    end
                end
            end
        end
        iF=iF + 1;
        F(iF).c=nextF;
    end
    %% Get crowding distance of each front
    indexIFStart=1;
```

```
for iF=1:(length(F)-1)
    AI=A(F(iF).c,:);
    AI=getDistance(AI,nVar,nObj);
    B(indexIFStart:indexIFStart + size(AI,1)-1,:)=AI;
    indexIFStart=indexIFStart + size(AI,1);
end
end
```

附录 B. 5　子函数 getDistance. m

```
function B=getDistance(A,nVar,nObj)
for kObj=1:nObj
    [fA,I]=sort(A(:,nVar + kObj));
    A(I(1),nVar + nObj + 1 + kObj)=Inf;
    A(I(end),nVar + nObj + 1 + kObj)=Inf;
    for iChr=2:size(A,1)-1
        if fA(1)==fA(end)
            A(I(iChr),nVar + nObj + 1 + kObj)=Inf;
        else
            A(I(iChr),nVar + nObj+1+kObj)=(fA(iChr+1)-fA(iChr-
1))/(fA(end)-fA(1));
        end
    end
end
A(:,nVar + nObj+1 + 1)=A(:,nVar + nObj + 1 + 1)+ A(:,nVar + nObj +
1 + 2);
A(:,nVar + nObj + 1 + 2)=[];
B=A;
```

附录 B. 6　子函数 tournamentSelection. m

```
function f=tournamentSelection(x,poolSize,tourSize)
[N,V]=size(x);
```

```
candidate=zeros(2,1);
rankOfCandidate=zeros(2,2);
distanceOfCandidate=zeros(2,2);
for i=1:poolSize
    for j=1:tourSize
        candidate(j)=positiveInteger(N);
        if j>1
            while~isempty(find(candidate(1:j-1)==candidate(j),1))
                candidate(j)=positiveInteger(N);
            end
        end
        rankOfCandidate(j)=x(candidate(j),V-1);
        distanceOfCandidate(j)=x(candidate(j),V);
    end
    withMinRank=find(rankOfCandidate==min(rankOfCandidate));
    if length(withMinRank)~=1
        WithMaxDistance=find(distanceOfCandidate(withMinRank)==max(distan-
ceOfCandidate(withMinRank)));
        if length(WithMaxDistance)~=1
            WithMaxDistance=WithMaxDistance(1);
        end
        f(i,:)=x(candidate(withMinRank(WithMaxDistance)),:);
    else
        f(i,:)=x(candidate(withMinRank),:);
    end
end
```

附录 B.7　子函数 positiveInteger.m

```
function y=positiveInteger(x)
y=round(x * rand(1));
if y==0
    y=1;
end
```

附录 B.8　子函数 geneticOperator.m

```
function chrOff=geneticOperator(chrPar,nVar,nObj,mu,proCro,mum,proMut,lb,
ub)
    [N,~]=size(chrPar);
    counter=1;
    wasCrossover=0;
    wasMutation=0;
    for i=1:N
        if rand(1)<0.9
            p1=positiveInteger(N);
            p2=positiveInteger(N);
            while isequal(chrPar(p1,:),chrPar(p2,:))
                p2=positiveInteger(N);
            end
            p1=chrPar(p1,:);
            p2=chrPar(p2,:);
            for j=1:nVar
                [c1(j),c2(j)]=binaryCrossover(mu,proCro,p1(j),p2(j));
                c1(j)=withinSpace(c1(j),lb(j),ub(j));
                c2(j)=withinSpace(c2(j),lb(j),ub(j));
            end
            c1(:,nVar + 1:nVar + nObj)=evaluateObjective(c1,nObj,nVar);
            c2(:,nVar + 1:nVar + nObj)=evaluateObjective(c2,nObj,nVar);
            wasCrossover=1;
            wasMutation=0;
        else
            p3=positiveInteger(N);
            c3=chrPar(p3,:);
            for j=1:nVar
              c3(j)=polynomialMutation(c3(j),mum,proMut);
              c3(j)=withinSpace(c3(j),lb(j),ub(j));
            end
```

```
            c3(:,nVar + 1:nVar + nObj)=evaluateObjective(c3,nObj,nVar);
            wasCrossover=0;
            wasMutation=1;
        end
        if wasCrossover
            child(counter,:)=c1;
            child(counter + 1,:)=c2;
            wasCrossover=0;
            counter=counter + 2;
        elseif wasMutation
            child(counter,:)=c3(1,1:nVar + nObj);
            wasMutation=0;
            counter=counter + 1;
        end
    end
    chrOff=child;
    end
    function b=withinSpace(a,aMin,aMax)
    if a<aMin
        b=aMin;
    elseif a > aMax
        b=aMax;
    else
        b=a;
    end
    end
```

附录 B.9　子函数 binaryCrossover.m

```
function[c1,c2]=binaryCrossover(mu,proCro,p1,p2)
u=rand(1);
if u<proCro
    beta=(2 * u)^(1 /(mu + 1));
else
```

```
    beta=(1 / 2 /(1-u))^(1 /(mu + 1));
end
c1=0.5 * (p1 + p2)+ 0.5 * beta * (p1-p2);
c2=0.5 * (p1 + p2)-0.5 * beta * (p1-p2);
```

附录 B. 10　子函数 polynomialMutation. m

```
function c=polynomialMutation(p,eta,proMut)
u=rand(1);
if u<proMut
  delta=(2 * u)^(1 /(eta + 1))-1;
else
  delta=1-(2 * (1-u))^(1 /(eta + 1));
end
c=p + delta;
```

附录 B. 11　子函数 getMaleFemale. m

```
function[male,female]=getMaleFemale(A,V,M,a,pop)
A=A(:,1:(V + M));
obj=V +[1 2];
obj2=V + a;
obj1=obj(obj~=obj2);
[A,bench]=getMinusSlopeFrontAndBench(A,obj1,obj2);
nPride=pop;
leftLimit=A(1,obj1);
rightLimit=A(end,obj1);
dx=(rightLimit-leftLimit)/ nPride;
male=[A(1,:);A(end,:)];
female=[];
A=A(2:end-1,:);
r=2;
for ii=1:nPride
```

```
        rightMargin=leftLimit + ii * dx;
        xIn=A(A(:,obj1)<=rightMargin,:);
        xOut=A(A(:,obj1)> rightMargin,:);
        A=xOut;
        if~isempty(xIn)
            ly=max(xIn(:,obj2))-min(xIn(:,obj2));
            if ly<=r * dx
                male=[male;getWithMinimumSlope(xIn,obj1,obj2)];
                female=[female;xIn(2:end,:)];
            else
                male=[male;xIn];
            end
        end
    end
    nSupplement=nPride-(size(male,1)+ size(female,1));
    if nSupplement > 0
        I=randperm(size(bench,1));
        female=[female;bench(I(1:nSupplement),  :)];
    end
```

附录 B.12　子函数 getMinusSlopeFrontAndBench. m

```
function[minusSlopeFront,bench]=getMinusSlopeFrontAndBench(A,obj1,obj2)
bench=[];
while true
    slopeA=getSlope(A,obj1,obj2);
    if sum(slopeA<0)==length(slopeA)
        break
    end
    bench=[bench;A(slopeA >=0,:)];
    A=A(slopeA<0,:);
end
minusSlopeFront=sortrows(A,obj1);
```

附录 B. 13 子函数 getSlope. m

```
function B=getSlope(A,colX,colY)
[AcolXAscended,I1]=sortrows(A,colX);
dx=diff(AcolXAscended(:,colX));
dy=diff(AcolXAscended(:,colY));
slopeAcolXAscended=[-1e-100;dy./dx];
[~,I2]=sort(I1);
B=slopeAcolXAscended(I2);
```

附录 B. 14 子函数 getWithMinimumSlope. m

```
function B=getWithMinimumSlope(A,obj1,obj2)
k=getSlope(A,obj1,obj2);
[~,I]=min(k);
B=A(I,:);
```

附录 B. 15 子函数 plotSolution. m

```
function plotSolution(A,V,M,a,pop)
A=A(:,1:(V+M));
obj=V+[1 2];
obj2=V+a;
obj1=obj(obj~=obj2);
scatter(A(:,obj1),A(:,obj2),'MarkerEdgeColor','k');
hold on
[F,B]=getMinusSlopeFrontAndBench(A,obj1,obj2);
scatter(B(:,obj1),B(:,obj2),'MarkerEdgeColor','k','MarkerFaceColor','y');
hold on
plot(F(:,obj1),F(:,obj2),'-og','MarkerFaceColor','g');
xlabel('f1');
ylabel('f2');
```

```
box on
grid on
hold on
[male,female]=getMaleFemale(A,V,M,a,pop);
scatter(male(:,obj1),male(:,obj2),'MarkerEdgeColor','k','MarkerFaceColor','b');
scatter(female(:,obj1),female(:,obj2),'MarkerEdgeColor','k','MarkerFaceColor','m');
```

附录 B. 16　子函数 selectPopulationByRankAndDistance. m

```
function B  =selectPopulationByRankAndDistance(A,nVar,nObj,pop)
[aByRank,~]=sortrows(A,nObj + nVar + 1);
I1=0;
for iFront=1:aByRank(end,nObj + nVar + 1)
    I2=find(aByRank(:,nObj + nVar + 1)==iFront,1,'last');
    if I2<pop
        B(I1 + 1:I2,:)=aByRank(I1 + 1:I2,:);
    elseif I2==pop
        B(I1 + 1:I2,:)=aByRank(I1 + 1:I2,:);
        return;
    else
        AI=aByRank(I1 + 1:I2,:);
        AIbyDistanceDescend=sortrows(AI,nObj + nVar + 2,'descend');
        B(I1 + 1:pop,:)=AIbyDistanceDescend(1:pop-I1,:);
        return;
    end
    I1=I2;
end
```

附录 C　水库失能应急调度方案评价 MATLAB 源代码

附录 C.1　主脚本 mainAssessment. m

```
failure={'dry1','dry2','dry3','dry4','wet1','wet2'}';
nFailure=length(failure);
% 1 Normalized index matrix
R=cell(nFailure,1);
indexLarge=cell(nFailure,1);
indexDeleted=cell(nFailure,1);
for iScen=1:nFailure
    [R{iScen,1},indexLarge{iScen,1},...
        indexDeleted{iScen,1}]=calR(calX(failure{iScen,1}));
end
% 2 Fuzzy optimization model
U=cell(nFailure,1);
G=cell(nFailure,1);
for iScen=1:nFailure
    [U{iScen,1},G{iScen,1}]=fo(R{iScen,1},indexDeleted{iScen,1});
end
% 3 Non-negative matrix factorization using genetic algorithm
V1=cell(nFailure,1);
H1=cell(nFailure,1);
f1=zeros(nFailure,1);
for iScen=1:nFailure
    [V1{iScen,1},H1{iScen,1},f1(iScen,1)]=...
        nmf_lin(R{iScen,1},1.0e-7,1000,30);
```

```
end
% 4 Projection persuit using genetic algorithm
aBest=cell(length(failure),1);
z=cell(length(failure),1);
for iScen=1:length(failure)
    [aBest{iScen,1},z{iScen,1}]=pp(R{iScen,1},1000);
end
% 5 Consitency of multiple models
s123=cell(nFailure,1);
C=cell(nFailure,1);
C2=cell(nFailure,1);
s=cell(nFailure,1);
for iScen=1:nFailure
    [~,s1]=sort(U{iScen,1},'descend');
    [~,s2]=sort(H1{iScen,1},'descend');
    [~,s3]=sort(z{iScen,1},'descend');
    s123{iScen,1}=[s1;s2;s3];
    [C{iScen,1},C2{iScen,1}]=calConsistency(s123{iScen,1});
    [~,s{iScen,1}]=sort(sum(s123{iScen,1}));
end
```

附录 C. 2　子函数 calConsistency. m

```
function[c,cDouble]=calConsistency(S)
N=size(S,2);
C12=calCdouble(S([1 2],:));
C23=calCdouble(S([2 3],:));
C31=calCdouble(S([3 1],:));
cDouble=[1,C12,C31;C12,1,C23;C31,C23,1];
c=(sum(sum(cDouble,2))-N)/(N*(N-1));
function y=calCdouble(I)
nSample=size(I,2);
mu=zeros(1,nSample);
for iSample=1:nSample
```

```
        temp=abs(I(1,iSample)-I(2,iSample));
        if temp==0
            mu(1,iSample)=1;
        elseif temp<=1
            mu(1,iSample)=0.5;
        else
            mu(1,iSample)=0;
        end
    end
    y=sum(mu,2)/ nSample;
    end
    end
```

附录 C. 3　子函数 calR. m

```
    function[R,indexLarge,indexDeleted]=calR(X)
        indexLarge=[3,6,7,8,9];
        R=zeros(size(X));
        for iIndex=1:size(X,1)
            if ismember(iIndex,indexLarge)
                if range(X(iIndex,:))==0
                    if X(iIndex,1)> 0
                        R(iIndex,:)=1;
                    end
                else
                    R(iIndex,:)=(X(iIndex,:)-min(X(iIndex,:)))./ range(X(iIn-
dex,:));
                end
            else
                if range(X(iIndex,:))==0
                    if X(iIndex,:)==0
                        R(iIndex,:)=1;
                    end
                else
```

```
                R(iIndex,:)=(max(X(iIndex,:))-X(iIndex,:))./range(X(iIndex,:));
            end
        end
    end
    temp=arrayfun(@isequal,R(:,1),R(:,2),R(:,3));
    indexDeleted=find(temp==1);
    R(indexDeleted,:)=[];
    [~,indexLarge]=ismember(indexLarge,find(temp==0));
    indexLarge(indexLarge==0)=[];
end
```

附录 C.4　子函数 calX.m

```
function X=calX(scen)
[nDay,nPlan,Ecell,Ncell,Qcell,Wcell,Zcell,...
    Eobs,Qobs,Wobs,Zobs]=loadData(scen);

nIndex=9;
nReservoir=size(Qobs,2);
Nfirm=[405.2,180.2,1234];
Zdesign=[789.86,747.07,381.84];
QecoLB=repmat(min(Qobs),nDay,1);
X=zeros(nIndex,nPlan);
for iPlan=1:nPlan
    E=Ecell{iPlan,1};
    N=Ncell{iPlan,1};
    Q=Qcell{iPlan,1};
    W=Wcell{iPlan,1};
    Z=Zcell{iPlan,1};
    X(:,iPlan)=...
        [sum(sum(Z > Zdesign,2))./(nDay*nReservoir);...
        max(range(Z)./range(Zobs));...
        sum(sum(Q > Qobs,2))./(nDay*nReservoir);...
```

```
        sum(max(Wobs-W,0))./sum(Wobs);...
        max((Wobs-W)./Wobs);...
        min(sum(N,2)./sum(Nfirm,2));...
        sum(sum(E,2))./sum(sum(Eobs,2));...
        sum(sum(sum(Q)>QecoLB,2))./(nDay*nReservoir);...
        sum(sum(Q./QecoLB,2))];
end
```

附录 C. 5　子函数 fo. m

```
function[U,G]=fo(R,indexDeleted)
P=calP(indexDeleted);
W=calW(P);
[U,G]=calU(W,R);
end
% calP
function P=calP(indexDeleted)
P{1,1}=...
    [1 1/2 4 2;2 1 5 3;1/4 1/5 1 1/3;1/2 1/3 3 1];
P{2,1}=[1 1/3;3,1];
P{3,1}=[1 3 3;1/3 1 1;1/3 1 1];
P{4,1}=[1 5;1/5 1];
P{5,1}=[1 5;1/5 1];
CRinitial=cellfun(@calCR,P);
indexB{1,1}=(1:length(P{2,1}))';
indexB{2,1}=...
    (indexB{1,1}(end)+1:(indexB{1,1}(end)+length(P{3,1})))';
indexB{3,1}=...
    (indexB{2,1}(end)+1:(indexB{2,1}(end)+length(P{4,1})))';
indexB{4,1}=...
    (indexB{3,1}(end)+1:(indexB{3,1}(end)+length(P{5,1})))';
if isequal(indexDeleted,indexB{1,1})
    P{1,1}(1,:)=[];
    P{1,1}(:,1)=[];
```

```
elseif isequal(indexDeleted,indexB{2,1})
    P{1,1}(2,:)=[];
    P{1,1}(:,2)=[];
elseif isequal(indexDeleted,indexB{3,1})
    P{1,1}(3,:)=[];
    P{1,1}(:,3)=[];
elseif isequal(indexDeleted,indexB{4,1})
    P{1,1}(4,:)=[];
    P{1,1}(:,4)=[];
end
for ii=1:length(indexDeleted)
    if ismember(indexDeleted(ii),indexB{1,1})
        [~,locb]=ismember(indexDeleted(ii),indexB{1,1});
        P{2,1}(locb,:)=[];
        P{2,1}(:,locb)=[];
    elseif ismember(indexDeleted(ii),indexB{2,1})
        [~,locb]=ismember(indexDeleted(ii),indexB{2,1});
        P{3,1}(locb,:)=[];
        P{3,1}(:,locb)=[];
    elseif ismember(indexDeleted(ii),indexB{3,1})
        [~,locb]=ismember(indexDeleted(ii),indexB{3,1});
        P{4,1}(locb,:)=[];
        P{4,1}(:,locb)=[];
    elseif ismember(indexDeleted(ii),indexB{4,1})
        [~,locb]=ismember(indexDeleted(ii),indexB{4,1});
        P{5,1}(locb,:)=[];
        P{5,1}(:,locb)=[];
    end
end
CRnew=cellfun(@calCR,P);
function CR=calCR(P)
nP=length(P);
RI=[0 0 0.58 0.9 1.12 1.24 1.32 1.41 1.45];
CR=0;
```

```
if nP >=3
    CI=(max(eig(P))-nP)./(nP-1);
    CR=CI./RI(nP);
    if CR >=0.1
        disp('Error:Wrong paired comparison matrix. Require change.')
    end
end
end
end
function W=calW(P)
W=cellfun(@calWeight,P,'UniformOutput',false);
W{length(P)+1,1}=[W{1,1}(1).*W{2,1};W{1,1}(2).*W{3,1};...
    W{1,1}(3).*W{4,1};W{1,1}(4).*W{5,1}];
function w=calWeight(P)
w=nthroot(prod(P,2),size(P,1));
w=w./sum(w);
end
end
function[U,G]=calU(W,R)
indexB{1,1}=(1:length(W{2,1}))';
indexB{2,1}=...
    (indexB{1,1}(end)+1:(indexB{1,1}(end)+length(W{3,1})))';
indexB{3,1}=...
    (indexB{2,1}(end)+1:(indexB{2,1}(end)+length(W{4,1})))';
indexB{4,1}=...
    (indexB{3,1}(end)+1:(indexB{3,1}(end)+length(W{5,1})))';
G(1,:)=maxG(W{2,1},R(indexB{1,1},:));
G(2,:)=maxG(W{3,1},R(indexB{2,1},:));
G(3,:)=maxG(W{4,1},R(indexB{3,1},:));
G(4,:)=maxG(W{5,1},R(indexB{4,1},:));
U=maxG(W{1,1},G);
[~,I]=max(U,[],2);
disp(['The scheme ',num2str(I),' is best by Fuzzy Optimization Model.'])
function G=maxG(w,R)
```

```
    p=2;
    temp1=sum((w. * (R-max(R,[],2))).^ p,1);
    temp2=sum((w. * (R-min(R,[],2))).^ p,1);
    temp3=(temp1. / temp2).^(2. / p);
    G=1. /(1 + temp3);
end
end
```

附录 C. 6　子函数 loadData. m

```
function[e,q,w,z,E,N,Q,W,Z]=loadData(scen,n)
path=which('loadData');
k=strfind(path,'\');
pathResult=path(1:k(end-1)-1);
pathInput=cd([pathResult,'\data\failure']);
e=xlsread([scen(1:3),'Eobserved. xlsx'],'B2:D11');
q=xlsread([scen(1:3),'Qobserved. xlsx'],'B2:D11');
z=xlsread([scen(1:3),'Zobserved. xlsx'],'B2:D12');
nDay=size(q,1);
Q2W=nDay * 24 * 60 * 60 / 10^8;
w=sum(q,2) * Q2W;
E=cell(n,1);
N=cell(n,1);
Q=cell(n,1);
W=cell(n,1);
Z=cell(n,1);
for iPlan=1:n
    scenPlan=[scen,'plan',num2str(iPlan)];
    E{iPlan,1}=xlsread([scenPlan,'E. xlsx'],1,'B2:D11');
    N{iPlan,1}=xlsread([scenPlan,'N. xlsx'],1,'B2:D11');
    Q{iPlan,1}=xlsread([scenPlan,'Q. xlsx'],1,'B2:D11');
    W{iPlan,1}=sum(Q{iPlan,1},2) * Q2W;
    Z{iPlan,1}=xlsread([scenPlan,'Z. xlsx'],1,'B2:D11');
end
```

```
cd(pathInput)
end
```

附录 C. 7　子函数 nmf_lin. m

```
function[W,H,f]=nmf_lin(V,tolerance,timeLimit,iterationMax)
% Last edited by Dr. Yang(yuanyuanyang@xaut.edu.cn)on 2021-8-2 11:04:00.
%Source:Chih-Jen Lin,National Taiwan University
% https://www.csie.ntu.edu.tw/~cjlin/nmf/index.html
save('V.mat','V');
[nIndex,nSample]=size(V);
W=max(randn(nIndex,1),0);
H=max(randn(1,nSample),0);
timeInitial=cputime;
Vgradient=W * (H * H')-V * H';
Hgradient=(W' * W) * H-W' * V;
initialGradient=norm([Vgradient;Hgradient'],'fro');
fprintf('Init gradient norm %f\n',initialGradient);
Vtolerance=max(0.001,tolerance) * initialGradient;
Htolerance=Vtolerance;
for iter=1:iterationMax
    projNorm=norm([Vgradient(Vgradient<0 | W > 0);...
        (Hgradient(Hgradient<0 | H > 0))']);
    if projNorm<tolerance * initialGradient ||...
            cputime-timeInitial > timeLimit
        break;
    end
    [W,Vgradient,iterW]=nlssubprob(V',H',W',Vtolerance,1000);
    W=W';
    Vgradient=Vgradient';
    if iterW==1
        Vtolerance=0.1 * Vtolerance;
    end
```

```
    [H,Hgradient,iterH]=nlssubprob(V,W,H,Htolerance,1000);
    if iterH==1
        Htolerance=0.1 * Htolerance;
    end

    if rem(iter,10)==0
        fprintf('.');
    end
end
fprintf('\nIter=%d Final proj-grad norm %f\n',iter,projNorm);
x=[W',H];
f=nmf_objective(x);
delete V.mat;
end
function[H,grad,iter]=nlssubprob(V,W,Hinit,tolerance,iterationMax)
H=Hinit;
WtV=W' * V;
WtW=W' * W;
alpha=1;
beta=0.1;
for iter=1:iterationMax
    grad=WtW * H-WtV;
    projGrad=norm(grad(grad<0 | H >0));
    if projGrad<tolerance
        break
    end
    for inner_iter=1:20
        Hn=max(H-alpha * grad,0);
        d=Hn-H;
        gradd=sum(sum(grad. * d));
        dQd=sum(sum((WtW * d). * d));
        suff_decr=0.99 * gradd + 0.5 * dQd<0;
        if inner_iter==1
            decr_alpha=~suff_decr;
```

```
            Hp=H;
        end
        if decr_alpha
            if suff_decr
                H=Hn;
                break;
            else
                alpha=alpha * beta;
            end
        else
            if~suff_decr || isequal(Hp,Hn)
                H=Hp;
                break;
            else
                alpha=alpha/beta;
                Hp=Hn;
            end
        end
    end
end
if iter==iterationMax
    fprintf('Max iter in nlssubprob\n');
end
end
```

附录 C. 8　子函数 nmf_objective. m

```
function f=nmf_objective(x)
load('V. mat');
nIndex=size(V,1);
W=(x(1:nIndex))';
H=x(nIndex + 1:end);
f=sum(sum((V-W * H).^2),2)./ sum(sum(V,2));
end
```

附录 C.9　子函数 pp.m

```
function[aBest,z]=pp(X,maxGeneration)
save('X.mat','X');
fun=@pp_objective;
nvars=size(X,1);
A=[];
b=[];
Aeq=[];
beq=[];
lb=-ones(nvars,1);
ub=-lb;
nonlcon=@pp_constraint;
options=optimoptions(@ga,'MaxGenerations',maxGeneration);
aBest=ga(fun,nvars,A,b,Aeq,beq,lb,ub,nonlcon,options);
aBest=abs(aBest);
z=sum(aBest'.*X);
delete X.mat
end
function f=pp_objective(a)
load('X.mat','X');
nSample=size(X,2);
z=sum(a'.*X);
Sz=std(z);
d=zeros(nSample,nSample);
for iPlan=1:nSample
    for iIndex=1:nSample
        r=abs(z(iPlan)-z(iIndex));
        d(iPlan,iIndex)=(0.1*Sz-r).*heaviside(0.1*Sz-r);
    end
end
Dz=sum(sum(d),2);
f=-Sz.*Dz.*100;
```

```
end
function[c,ceq]=pp_constraint(x)
c=[];
ceq=x*x'-1;
end
```

参 考 文 献

白涛，李磊，黄强，等，2021. 西江流域压咸风险调度及其时空传递规律研究 [J/OL]. 水力发电学报：1－11 [2021－09－03]. http：//kns.cnki.net/kcms/detail/11.2241.TV.20210602.1152.006.html.

白莹，2013. 黄河突发性水污染事故预警及生态风险评价模型研究 [D]. 南京：南京大学.

毕建培，刘晨，2015. 珠江水质突发性污染风险评估及管理建议 [J]. 人民珠江，36（6）：106－109.

边凯旋，黄强，杨元园，等，2020. 河流突发水污染事件的水库应急调度流量研究——以珠江上游红水河为例 [J]. 人民珠江，41（5）：55－60.

陈军，2008. 基于GIS的湘江重金属突发污染事件水质模拟预测系统的研究与实现 [D]. 长沙：中南大学.

陈守煜，赵瑛琪，1988. 系统层次分析模糊优选模型 [J]. 水利学报（10）：1－10.

丁洪亮，张洪刚，2014. 汉江丹襄段水污染事故水库应急调度措施研究 [J]. 人民长江，45（5）：75－78.

丁勇，梁昌勇，方必和，2007. 基于D－S证据理论的多水库联合调度方案评价 [J]. 水科学进展，18（4）：591－597.

董增川，马红亮，王明昊，等，2015. 基于组合决策的黄河流域水量调度方案评价方法 [J]. 水资源保护，31（2）：89－94.

方神光，黄代忠，蓝霄峰，2020. 长距离河道突发性水体污染下的单库调度分析 [J]. 人民珠江，41（3）：109－115.

付强，付红，王立坤，2003. 基于加速遗传算法的投影寻踪模型在水质评价中的应用研究 [J]. 地理科学（2）：236－239.

高媛，2015. 广西贺州市贺江水污染突发事件应急管理案例研究 [D]. 桂林：广西师范大学.

贡力，靳春玲，李云成，等，2020. 流域突发水污染风险评价理论与实践 [M]. 北京：中国水利水电出版社.

郭楠，田义文，2013. 中国环境公益诉讼的实践障碍及完善措施——从云南曲靖市铬污染事件谈起 [J]. 环境污染与防治，35 (1)：96-99.

何治波，吴珊珊，张文明，2019. 珠江流域防汛抗旱减灾体系建设与成就 [J]. 中国防汛抗旱，29 (10)：71-79.

胡华龙，金晶，郝永利，2012. 探索建立环境污染终身责任追究制度 [J]. 环境保护 (16)：24-27.

黄强，刘东，魏晓婷，等，2021. 中国筑坝数量世界之最原因分析 [J]. 水力发电学报，40 (9)：35-45.

姜兰，2007. 论我国突发事件应急管理体系的构建 [D]. 上海：华东政法大学.

金菊良，刘东平，周戎星，等，2021. 基于投影寻踪权重优化的水资源承载力评价模型 [J]. 水资源保护，37 (3)：1-6.

雷晓辉，权锦，王浩，等，2017. 跨流域调水工程突发水污染应急调控关键技术与应用 [M]. 北京：中国水利水电出版社.

李红艳，褚钰，2017. 跨流域调水工程突发事件及应急管理相关问题研究 [M]. 北京：中国社会科学出版社.

李继伟，纪昌明，张新明，等，2013. 基于改进 TOPSIS 的水库水沙联合调度方案评价 [J]. 中国农村水利水电，2013 (10)：42-45.

练继建，孙萧仲，马超，等，2017. 水库突发水污染事件风险评价及应急调度方案研究 [J]. 天津大学学报（自然科学与工程技术版），50 (10)：1005-1010.

刘东，黄强，杨元园，等，2020. 基于改进 NSGA-Ⅱ算法的水库双目标优化调度 [J]. 西安理工大学学报，36 (2)：176-181.

刘夏，白涛，武蕴晨，等，2020. 枯水期西江流域骨干水库群压咸补淡调度研究 [J]. 人民珠江，41 (5)：84-95.

刘永安，王文圣，2018. 集对分析法在城市防洪标准方案优选中的应用 [J]. 华北水利水电大学学报（自然科学版），39 (1)：77-80.

刘哲，黄强，杨元园，等，2020. 西江流域降水气温关系变异诊断及驱动力分析 [J]. 水力发电学报，39 (10)：57-71.

龙岩，雷晓辉，马超，等，2020. 跨流域调水工程突发水污染事件应急调控决策体系与应用 [M]. 北京：中国水利水电出版社.

马瑞，欧阳昊，2014. 加强珠江流域水安全保障机制建设的思考 [J]. 中国水利 (21)：18-20.

马志鹏，陈守伦，李晓英，2007. 多目标水库洪水调度方案的灰色优选 [J]. 三峡大学学报（自然科学版），29 (4)：289-291.

钱树芹，高秋霖，张心凤，等，2014. 珠江流域突发性水污染事故应对措施

探讨 [J]. 人民珠江，35 (5)：43-45.

任梦之，刘登峰，杨元园，等，2020. 水库失能事件的应急调度方案评价指标体系研究及在西江的情景应用 [J]. 人民珠江，41 (5)：43-50.

水利部珠江水利委员会，2018. 2017 年水资源公报 [EB/OL]. 水利部珠江水利委员会，2018-12-25. http：//www. pearlwater. gov. cn/was5/web/search.

苏友华，2011. 崇左市突发性水污染事件应急调水分析 [J]. 企业科技与发展 (20)：115-117.

孙甲岚，2014. 珠江流域分布式水文模拟及水库压咸优化调度研究 [D]. 天津：天津大学.

唐健，黄健元，2005. 模糊优选模型及其应用 [J]. 大学数学 (6)：71-76.

陶亚，任华堂，夏建新，2013. 突发水污染事故不同应对措施处置效果模拟 [J]. 应用基础与工程科学学报，21 (2)：203-213.

王家彪，2016. 西江流域应急调度模型研究及应用 [D]. 北京：中国水利水电科学研究院.

王家彪，雷晓辉，王浩，等，2018. 基于水库调度的河流突发水污染应急处置 [J]. 南水北调与水利科技，16 (2)：1-6，92.

王丽萍，叶季平，苏学灵，等，2009. 基于可拓学理论的防洪调度方案评价研究与应用 [J]. 水利学报，40 (12)：19-25，33.

王林刚，2011. 基于三维 GIS 的河流突发水污染事故模拟研究 [D]. 西安：西北大学.

吴春平，徐晓丽，2012. 基于改进型序号总和理论的企业绩效评价研究及实证分析 [J]. 科技与管理，14 (4)：55-60.

吴涛，2011. 广东出现有监测历史以来最严重咸潮情况 [EB/OL]. 新华网，2011-12-18. https：//www. 163. com/news/article/7LJ4GBKT00014JB5. html.

辛小康，叶闽，尹炜，2011. 长江宜昌江段水污染事故的水库调度措施研究 [J]. 水电能源科学，29 (6)：46-48.

余真真，张建军，马秀梅，等，2014. 小浪底水库应急调度对下游水污染事件的调控 [J]. 人民黄河，36 (8)：73-75.

钟华昱，黄强，明波，等，2021. 耦合集合预报信息的水库高效调度方法研究 [J]. 水力发电学报，40 (5)：44-55.

周新民，倪培桐，唐造造，等，2010. 感潮河网水动力模型在城市水环境治理中的应用 [J]. 广东水利水电 (11)：18-20，32.

AMBROSE R B，WOOL T A，2009. WASP7 Stream Transport - Model

Theory and User ' s Guide: Supplement to Water Quality Analysis Simulation Program (WASP) User Documentation [Z].

BENEDINI M, TSAKIRIS G, 2013. Water Quality Modelling for Rivers and Streams [M]. Springer.

DANISH HYDRAULIC INSTITUTE, 2021. MIKE Powered by DHI [EB/OL]. https: //www. mikepoweredbydhi. com, 1996 - 09 - 03/2021 - 09 - 03.

DEB K, PRATAP A, AGARWAL S, et al, 2002. A fast and elitist multiobjective genetic algorithm: NSGA - Ⅱ [J]. IEEE Transactions on Evolutionary Computation, 6 (2): 182 - 197.

FERREIRA D M, FERNANDES C V S, KAVISKI E, et al, 2020. Transformation rates of pollutants in rivers for water quality modelling under unsteady state: A calibration method [J]. Journal of Hydrology, 585: 124769. https: //doi. org/10. 1016/j. jhydrol. 2020. 124769.

FU B, HORSBURGH J S, JAKEMAN A J, et al, 2020. Modeling water quality in watersheds: From here to the next generation [J]. Water Resources Research, 56 (11): e2020WR027721. https: //doi. org/10. 1029/2020WR027721.

LEE D, SEUNG S, 1999. Learning the parts of objects by non - negative matrix factorization [J]. Nature, 401 (6755): 788 - 791. https: //doi. org/10. 1038/44565.

LIU D, HUANG Q, YANG Y, et al, 2020. Bi - objective algorithm based on NSGA - Ⅱ framework to optimize reservoirs operation [J]. Journal of Hydrology, 585: 124830. https: //doi. org/10. 1016/j. jhydrol. 2020. 124830.

SAADATPOUR M, AFSHAR A, 2013. Multi Objective Simulation - Optimization Approach in Pollution Spill Response Management Model in Reservoirs [J]. Water Resources Management, 27 (6): 1851 - 1865. https: //doi. org/10. 1007/s11269 - 012 - 0230 - y.

SAATY R W, 1987. The analytic hierarchy process—what it is and how it is used [J]. Mathematical Modelling, 9 (3): 161 - 176. https: //doi. org/10. 1016/0270 - 0255 (87) 90473 - 8.

VANDA S, NIKOO M R, TARAVATROOY N, et al, 2021. An emergency multi - objective compromise framework for reservoir operation under suddenly injected pollution [J]. Journal of Hydrology, 598: 126242. https: //doi. org/10. 1016/j. jhydrol. 2021. 126242.